随机实地实验：
理论、方法和在中国的运用

陆方文　著

科学出版社
北京

内 容 简 介

本书结合笔者过去十年的研究实践，探讨随机实地实验的理论、方法及在中国的运用。本书分为上下两篇，上篇着重于阐述随机实地实验的理论、方法及优势，归纳和整理国际上的研究趋势，并对国内当前发展现状进行描述，还系统地探讨随机实地实验的关键技术环节、数据的分析策略，以期降低开展实验的技术性壁垒。下篇试图从多个场景展示随机实地实验在中国的运用，提供了在班级里、道路上、医疗系统里开展的五个随机实地实验，并提供了在实验实施和数据分析过程的具体技巧。通过对随机实验方法的探讨和实地案例的介绍，本书希望能够引导国内研究实现后发赶超，推动国内随机实地实验研究的发展。

本书是关于随机实地实验的普及性读物，适用于对社会科学因果关系探讨感兴趣的各类人员，包括本科生、研究生、博士生和青年研究人员。

图书在版编目（CIP）数据

随机实地实验：理论、方法和在中国的运用/陆方文著. —北京：科学出版社，2020.5

ISBN 978-7-03-057606-4

Ⅰ. ①随… Ⅱ. ①陆 … Ⅲ. ①实验方法 Ⅳ. ①N33

中国版本图书馆 CIP 数据核字（2018）第 105179 号

责任编辑：马　跃　李　嘉／责任校对：陶　璇
责任印制：张　伟／封面设计：润一文化

科学出版社出版
北京东黄城根北街 16 号
邮政编码：100717
http://www.sciencep.com
北京凌奇印刷有限责任公司印刷
科学出版社发行　各地新华书店经销

*

2020 年 5 月第　一　版　开本：720×1000　B5
2020 年 5 月第一次印刷　印张：11 1/2
字数：233 000

POD定价：96.00元
（如有印装质量问题，我社负责调换）

前　　言

笔者是江苏人，自幼多好奇、善动手，崇拜居里夫人，幻想成为一位女科学家，酷酷地穿戴各种口罩、眼罩、防护服等做科学实验。然而，高中分班时，因为眼睛近视，以及在父母的压力下选择了文科，以为从此人生中不会再有实验。之后，读完高中读本科、读完本科读硕士，在国内读完硕士换了个国家又读了一个硕士，读完一个专业的硕士又换了一个专业读博士……兜兜转转，没想到在2008年居然开始做实验啦！不过这个实验不一样，不需要口罩、眼罩、防护服，也不需要实验室，它叫随机实地实验。

本书分为上下两篇，上篇着重于随机实地实验的基本理论和方法，下篇借助笔者过去的研究，试图从多个场景展示随机实地实验在中国的运用，提供了在班级里、道路上、医疗系统里开展的五个随机实地实验案例。通过对随机实验方法的探讨和实地案例的介绍，本书希望能够引导国内研究实现后发赶超，推动国内随机实地实验研究的发展。

在即将进入正文之前，给读者推荐本书的打开方式。第一，如果您是大咖，请随意，期待您的批评指正。第二，如果您是对随机实地实验有所耳闻的青年学者，不妨在头脑中构想一个潜在的研究问题，然后在阅读中围绕研究问题尝试去为之丰富实验设计。第三，如果您对随机实地实验非常陌生，建议您从下篇开始阅读——那里提供了几个中国研究案例——然后在头脑里构想一个潜在的研究问题，再回到上篇，在阅读中尝试围绕这个研究问题开展实验设计。

目　　录

上篇　随机实地实验的理论和方法

下篇 随机实地实验在中国的运用

上篇

随机实地实验的理论和方法

1　随机实地实验简介

1.1　从试点到随机实地实验

改革开放是决定当代中国发展的关键环节，而“先试点后推广”的做法则在中国改革开放和转型的历程中发挥过关键性的作用。一项改革特别是重要改革，先在局部进行试点探索，取得可以外推的可靠经验、形成广泛共识后，再把试点的经验和做法在面上推广，对于改革的稳妥推进具有重要意义。中国共产党在陕甘宁边区执掌区域性政权的试点、小岗村包产到户试点和深圳经济体制改革特区试点就是具有代表性和里程碑意义的试点范本（李永忠，2015）。

在新时代深化改革开放的实践中，试点的意义不仅没有被削弱，还进一步得到强化。习近平总书记在中央全面深化改革领导小组第十三次会议和第三十五次会议上对于试点的重要性、目的做了深刻阐述。他强调指出：“试点是改革的重要任务，更是改革的重要方法。试点能否迈开步子、趟出路子，直接关系改革成效。要牢固树立改革全局观，顶层设计要立足全局，基层探索要观照全局，大胆探索，积极作为，发挥好试点对全局性改革的示范、突破、带动作用。”[①]他还指出：“抓好试点对改革全局意义重大。要认真谋划深入抓好各项改革试点，坚持解放思想、实事求是，鼓励探索、大胆实践，敢想敢干、敢闯敢试，多出可复制可推广的经验做法，带动面上改革。”[②]

新时代的全面深化改革在创新性和可信性两个维度对试点提出了更高的要求。全面深化改革领导小组第十三次会议指出：“发挥好试点对全局性改革的示范、突破、带动作用。”[①]第三十五次会议进一步强调：“试点目的是探索改革的实现路径和实现形式，为面上改革提供可复制可推广的经验做法。试点要取得实效，必须解放思想、与时俱进，尽可能把问题穷尽，让矛盾凸显，真正起到压力测试作

---

① 树立改革全局观积极探索实践 发挥改革试点示范突破带动作用. 光明日报，2015-06-06（A1）.

② 认真谋划深入抓好各项改革试点 积极推广成功经验带动面上改革. 光明日报，2017-05-24（A1）.

用。”[①]其中对全局性改革的“突破”作用和对改革的实现路径与实现形式进行“探索”的作用，侧重强调的是试点的创新性，而“为面上改革提供可复制可推广的经验做法”和“尽可能把问题穷尽，让矛盾凸显，真正起到压力测试作用”，强调的则是要求试点经验的可信和外推有效。

但是，在实践中也不乏试点非常成功，在推广时却阻力重重的现象。通常是在条件好的地方先进行试点，在试点过程中为了显出试点成效而配套各种补充政策或者优惠措施，在试点效果评估和总结的时候选择有利指标而忽视不利结果，或者只是在部分受惠人群中询问对结果是否满意。如果把试点理解成一场实验，那么这些问题用标准的实验分析术语来刻画就是：试点过程中的样本选择性偏误、干预措施不明确和结果评估偏误威胁到了试点的可信性和试点经验的外推有效性。

随机实地实验（randomized field experiment）的关键特征是，针对实地的参与者随机安排干预措施，它同时具有创新性和可信性两大优势。在试点中运用随机实地实验方法，能够在发挥试点创新型优点的同时，更大程度地提供可复制可推广的新政策、新措施。新时代对于试点提出的新的更高要求，意味着随机实地实验方法可以而且应当在试点实践中扮演重要角色。

1.2　随机实地实验的基本方法及其优势

随机实地实验，也被翻译为随机田野实验。但是“田野”一词，非常容易给人风吹麦浪、稻花飘香的即视感，一方面不符合现实，另一方面也不利于推广该实验方法。例如，很多随机实地实验在城市和线上社区开展，和田野表达的含义相差甚远。众多实验经济学者倾向于随机实地实验的称呼，因而本书采用“随机实地实验”的译法。

随机实地实验的基本过程一般包括五个步骤。

第一步，确定实验人群。以探讨节能宣传对居民消费影响的实验为例，因为涉及居民的能源消费，我们首先要确定进行实验的居民区是一个小区还是若干个小区，若干个小区是集中在一起还是分布在城市的不同方位，或者是在不同的城市。

第二步，进行随机分组。实验者需要将实验对象分成一个控制组，以及一个或者多个干预组。随机分组的目的是，通过消除实验前不同组别之间的系统性差异实现不同组别之间的可比性。在节能宣传的例子中，就是要求如果没有实验干

① 认真谋划深入抓好各项改革试点 积极推广成功经验带动面上改革. 光明日报，2017-05-24（A1）.

预的话，不同组之间的居民行为是可比的，这样我们就可以把干预后不同组之间的行为差异解释成干预的效果。随机分组是随机实地实验的关键环节。

第三步，开展实验干预。控制组的居民像往常一样生活，而干预组的居民会受到明确界定的干预措施影响。例如，干预措施可能包括发放节能传单或者进行上门游说，宣传为公益而节能或者强调节约自我成本等。基于媒介或内容的不同可以形成不同的干预措施。干预措施可以是现实中已有的政策或方法，也可以由研究人员自己创新设计。

第四步，数据收集。可以通过问卷、实地检测和经济学游戏等多种手段实现。

第五步，是对数据进行处理和分析，并得出结论。

随机实地实验的优势，分别体现在“随机”“实地”“实验”三个词上。对比大多数基于观测性数据的研究，分组的随机性和实验干预措施的可设计性为随机实地实验带来两大优势：可信性优势和创新性优势。无论在过去还是在潜在的未来，随机分组都可以保障控制组和干预组的可比性，因此控制组和干预组之间在干预实施后的差异都可以归因于干预措施。在基于观测数据的研究中，由于遗漏变量、双向因果等问题的广泛存在，受到某种干预的个体和没有受到干预的个体之间常常不具有可比性。尽管越来越多的微观计量方法逐渐被开发出来，从一元回归到多元回归，进而到样本选择模型、固定效应模型、双重差分法、工具变量法、断点回归法等更高深的计量模型和方法，试图解决研究对象的可比性问题，但各自存在局限性。而在实验中，控制组和干预组安排的随机性，为实验结果的可信性提供了有力的保障。

除了可信性优势之外，人为的实验干预措施还产生随机实地实验的第二个优势——创新性优势。有一些公众关心但现实中还没有实施的政策，或者公众没有意识到但从理论中推导出的可能措施，如果仅仅依靠观察性研究是无法对其进行定量的政策评估的，但都可以通过设计相关的干预措施进行探讨。此外，有一些在现实中无法分解的机制，也可以在实验中进行分解。干预措施的可设计性为随机实地实验提供了创新性的源泉。

对比大多数的政策试点，分组的随机性也是随机实地实验的重要优势。试点，常常是选择性样本，自发的、有积极性的地方先试点。此外，实验干预措施的规范性及结果评估的规范性，也是随机实地实验相对于试点的优势。

在和其他实验的对比上，“实地”所带来的优势就是更加贴近现实。在 1.3 节中将详细讨论。

1.3 随机实地实验和实验家族

按照与现实关系由远及近，Harrison 和 List（2004）把经济学领域的实验分成四类：实验室实验（lab experiment）、虚拟实地实验（artefactual field experiment）、框架实地实验（framed field experiment）、自然实地实验（natural field experiment）。尽管并非所有的学者都认同这一划分，但这个分类方式有助于我们更好地理解随地实地实验的特征。

实验室实验，通常是指在大学里招募一些在校学生作为被实验人群，在一个封闭的空间内，以纸笔或者计算机为媒介，进行一些抽象的游戏活动，如囚徒困境游戏。其研究结论通常被试图推广到在类似于游戏规则情境下的人类一般行为。

虚拟实地实验，也被称为实地里的实验室实验（lab in the field），类似于把实验室的游戏搬到实地的工人、农民或者管理者中去，是在现实社会中完成实验室实验设计的。和实验室实验的最大区别是，实验室实验通常招募在校学生作为被实验人群，而虚拟实地实验招募现实中的人群作为被实验对象，如农民、工人或者管理者。因为被实验群体具有更真实的社会经历和特征，虚拟实地实验对于研究这些特定人群的行为反应而言更加具有真实性。

框架实地实验，对比虚拟实地实验而言，不仅是在现实的人群中开展实验，进行的活动也不再是抽象实验游戏，而是这些现实人群在实际生活中的活动，如研究农民种庄稼、工人的生产制造、管理者的决策。在 Harrison 和 List（2004）的论述中，最接近自然实地实验的框架实地实验，和自然实地实验的区别在于实验人群是否知道被研究。例如，Miguel 和 Kremer（2004）在关于肯尼亚学生健康除虫的研究中，因为学生家长必须签署同意书，所以实验群体多多少少知道他们处在被实验状态。实验人群是否知情对实验的影响，将在第 5 章“有关实验不足的讨论及解决”中详细探讨。

自然实地实验，是指一切都是真实的，现实的实验人群、现实的生产生活活动，在实验人群看来就像没有实验发生一样，但其实有实验的五个环节发生。人们经常会听到“自然实验”一词，它不是自然实地实验的简写。自然实验是指自然发生的事件产生了类似于随机实验的外生冲击，是借助“实验”一词强调事件的外生性。自然实验不是实验。

由于虚拟实地实验在实验方法上更接近实验室实验，本书并不将此作为重要内容，在实验设计和分析方法上主要探讨框架实地实验和自然实地实验。

2 随机实地实验在国内外的现状和趋势

2.1 国际研究的基本趋势

近 20 年来，随机实地实验在国外经济学领域获得迅猛发展，涌现出大量研究文献。早期的随机实地实验研究主要侧重经济政策的评估，且多集中于劳动经济学和发展经济学领域，其意图是测试实施单个政策的短期影响。由于实验设计思路本身的局限，这类早期研究并没有对经济学产生广泛而深刻的影响。

随着随机实地实验在方法论上的日益成熟，经济学家逐渐把这类实验方法拓展到劳动经济学和发展经济学以外的诸多领域，并不再局限于政策评估，而是把实验方法和理论研究相结合，通过随机干预措施来模拟现有的或者未来可能的制度安排和政策设计。近些年随机实地实验研究的变化特点可以归纳为以下几个方面：应用领域更广泛；机制探讨更深入；研究效果更长期；更重视干预措施的交互影响。对于随机实地实验发展趋势的总结和归纳，有利于展现当前实地实验方法设计的前沿，促进国内实地实验相关研究的后发赶超。发展趋势详述如下。

第一，应用领域更广泛。

随机实地实验已经从传统的劳动经济学和发展经济学等领域，扩展到机制设计、新政治经济学、公共经济学、环境经济学、国际贸易等众多经济学分支。劳动经济学和发展经济学是随机实地实验的经典运用领域，这主要是因为针对个体的、学生的和欠发达地区的实地实验成本相对较小且容易开展，而且这些领域的政策需求也大。List 和 Rasul（2010）按照人生历程分阶段地对劳动相关的实验文献进行了综述，议题覆盖了人力资本培育、就业市场、劳动激励等各个方面。在发展经济学领域，以现金转移支付为政策措施的扶贫实验在世界银行人员和资金的支持下从墨西哥开始，扩大到大多数的拉美国家和非洲的很多国家。此外，实验还涉及小额信贷、农业保险，以及各种扶贫、教育、健康干预等议题。

近年来，实地实验方法被越来越多地运用到其他经济学领域。例如，在市场机制方面，Brown 和 Morgan（2009）在 Ebay 和 Yahoo 两个不同的在线交易平台探讨不同平台的交易效率，并随机设定是否有最低价格、能否延长拍卖的结束时间等，探讨拍卖市场的均衡机制。在新政治经济学领域，Olken（2007）借助世界银行的资助项目，在印度尼西亚的村庄修路项目中探讨审计和公民参与对工程腐败的影响，发现前者对于减少工程腐败有积极影响，而后者没有作用。在税收领域，关于增值税有效性的理论假设是票据凭证有利于降低偷税漏税，Pomeranz（2015）通过对比加强审计威胁对有票证企业和无票证企业的差异性影响来探讨增值税的威慑作用，发现票证的确有利于带动上下线企业的合规操作。关于公共物品提供，Chen 等（2010）通过考察如何提高在线社区的活跃度、增加电影评价的数量，发现提供社会参照信息能显著增加公共物品的供给。在环境监管问题上，Duflo 等（2013）探讨环境评估中的激励扭曲问题，发现由企业自主付费雇佣环评机构而得到的环评报告相当袒护企业。在国际贸易领域，Atkin 等（2017a）探讨来料加工的外贸方式对企业经营的影响，在埃及闭塞的小镇给部分小作坊随机地安排外贸订单，发现承接高端订单生产有利于提高企业的生产率和经营状况。这些新领域的拓展几乎涉及微观经济学的各大热门主题，展示出随机实地实验日益增长的影响力。

第二，机制探讨更深入。

早期的随机实地实验侧重单纯的政策效果评估，近年来则越来越注重对政策机制的挖掘和评估，从而也更加符合经济学理论的逻辑。起初，随机实地实验主要是用来进行政策评估的手段，以回答政策是否有效果及效果大小的问题。但这种就事论事的探讨使得结论很难外推，因为一旦政策有一个小的调整，对政策效果的预估就可能存在很大的或然性。有鉴于此，后来越来越多的实验都更加关注对政策机制的探讨。例如，墨西哥实行的是有条件的现金转移扶贫项目，只有在子女上课出席率达标并且按期参加体检的条件下，政府才会给相应家庭支付扶贫款。Gertler（2004）探讨了该项目对儿童教育和健康的影响，但这些影响是条件和扶贫款的共同作用。显然，核实子女的上课出席率及是否按期参加体检，会很大地增加政策执行成本，甚至还可能滋生腐败。那么，条件约束对政策效果具有怎样的影响呢？如果不设置条件要求，扶贫款的效果会怎样？Baird 等（2011）针对有条件的现金转移扶贫和没有条件的现金转移扶贫开展了实验研究，指出条件约束对减少辍学率和提高成绩的积极影响。又如，很多文献发现，由员工推荐的求职者要比独立求职的求职者更容易得到企业的雇用，但其内在原因并不清楚。Pallais 和 Sands（2016）运用实验对为什么员工推荐可能发挥作用的三个可能机制进行了探讨。他们发现，员工会在推荐过程中提供关于求职者的额外信息，而且被推荐员工在和其推荐者一起工作的时候效率更高，但并没有发现被推荐员工会因为考虑到对推荐人的影响而更加努力工作。关注机制的作用，有利于分解各政策要素的效果，更有助于未来政策措施的设计。

第三，研究效果更长期。

过去的随机实地实验常常集中于讨论短期干预措施的效果，近年来更倾向于讨论长期效果的深度研究。这种转变有利于更加全面地刻画经济制度和政策的影响。一项经济制度和政策对人的行为的影响，不仅可能具有滞后效应，更重要的是，还可能改变总体的社会经济环境，从而参与人之间会重新开始一个博弈过程，这个过程趋于某个新的均衡可能需要较长时间。随机实地实验则为探讨中长期影响提供了机遇。墨西哥有条件的现金转移扶贫项目在 1997 年开始试行，Gertler（2004）探讨这一政策对当期儿童在教育和健康方面的影响，Behrman 等（2011）探讨了 5 年期的影响。Miguel 和 Kremer（2004）、Baird 等（2016）在 2000 年左右开展了一项关于疟疾除虫的健康干预实验，并于 2004 年发表了一篇关于除虫药片对学生当年的健康和教育影响的研究，2016 年他们再度探讨当年的除虫干预对于 10 多年之后人力资本发展的影响。这些研究为相关干预措施的中长期后果提供了科学的证据，从而使制度和政策设计的科学性大幅度提升。

第四，更重视干预措施的交互影响。

在现实中，各种制度和政策往往具有互动特征，同一个政策在不同的制度或者文化空间下可能产生不一样的政策影响。随机实地实验发展的新趋势是，通过干预政策的组合设计，更有效地探讨干预措施的交互影响。例如，在教育激励方面，Kremer 等（2009）探讨给学生提供奖学金激励对学生成绩的影响，Duflo 等（2012）研究给教师的出勤奖对教师出勤及最终对学生成绩的作用，此外还有很多单独研究给学生激励或者给老师激励的文章。Behrman 等（2015）则在探讨给学生奖学金和给老师绩效奖金单项政策措施的基础上，进一步考察二者的结合对学生成绩的影响，并且发现了显著的交互作用。这类研究无一例外都是在保证随机性的前提下，通过干预措施的合理组合，来刻画复杂制度和政策的作用机理。对于干预措施交互作用的探讨，有助于考察同一措施在不同环境下的效果，为实验结果向其他人群、其他地区的外推提供了基础。

2.2　当前国内研究的现状

随机实地实验在欧美已经得到广泛的运用，经济学家运用这种方法来帮助欠发达经济体改进诸如贫困、环保、节能减排等社会困境，并取得了显著的成效。对比之下，中国的随机实地实验研究才刚刚起步，研究数量相对较少。近年来，越来越多的研究人员开始从事随机实地实验研究，并且也出现越来越多的高质量学术研究。

在研究团队上，黄季焜、张林秀团队和史耀疆团队是国内较早开展随机实地实验研究的知名研究团队。他们在中国西部农村欠发达地区及北京农民工子弟学校开展了多项关于扶贫、教育、健康的实地实验研究。他们的研究包括但不限于以下几个方面：探讨鸡蛋、牛奶、维生素对学生的健康或者成绩的影响，研究有条件现金转移支付的效果，考察探讨计算机辅助教学的影响，探讨学生奖学金和教师培训计划的影响，以及给有视力问题的学生提供免费眼镜对学生学习成绩的影响（Miller et al.，2012；Ho et al.，2013；Mo et al.，2013；Yi et al.，2015；Zhou et al.，2016）。他们的研究不仅直接改善了贫困地区学生的福利，更重要的是科学探讨了这些干预措施的现实影响，推动了这些干预措施在更大范围的实施中发挥重要作用。

扶贫类实验往往具有重资产性质，即实验干预都是要真金白银地给提供物品，这对独立的青年研究人员而言，会是一个难以跨越的障碍。蔡洪滨、陈玉宇和方汉明的一篇论文“Observational learning：evidence from a natural randomized field experiment”（Cai et al.，2009），对于很多青年学者来说是一个鼓舞，因为他们直接在饭店“吃”上了全球顶级的经济学期刊《美国经济评论》。他们的实验安排需要有一家愿意合作的饭店，当然最好有一个连锁饭店，随机地给不同的顾客看不同的菜单，菜单在图片上是完全一样的，菜品的名称和价格及排版也是相同的。控制组和干预组仅有的区别是，干预组的图片旁边增加了几个字表示该菜品是顾客经常点的菜品，当然，那也是事实，以此考察消费者之间的社会学习。额外的菜单需要经费进行印刷，但即使饭店不愿意承担该经费，百余本菜单也仅需花费几千元。

除了黄季焜、张林秀团队和史耀疆团队之外，其他的实地实验研究人员大多临时组队，偶有单兵作战。下面将按照文献的作者所处的空间顺序从北到南介绍国内学者从事的实地实验研究。这仅仅是笔者所知晓的研究，远不是国内研究的完全列表。

北京大学的蔡洪滨等探讨激励措施对业务员销售牲畜保险的影响，然后基于业务员激励不同而产生的不同农户购买率考察保险对农户生产生活的影响（Cai et al.，2015）。此外，陈玉宇及其合作者还开展了一项关于互联网翻墙的实地实验研究，探讨互联网管制对人们意识形态的影响。

携程董事长梁建章在携程员工中开展了关于弹性工作安排对于工作效率影响的随机实地实验研究（Bloom et al.，2015）。林莞娟、孟涓涓及其合作者运用审计实验法（audit study）探讨影响医生开抗生素药品处方的因素，主要的干预措施有：改变患者对抗生素副作用信息的了解程度以及患者是否给医生提供小礼品（Currie et al.，2011；Currie et al.，2014）。刘潇及其合作者在众包网站探讨影响任务提交和质量的因素，发现激励的大小具有正向作用，前期提交的质量对后来的参与度和质量有负面影响（Liu et al.，2014）。于丽及其合作者考察对象性质对人们利他行为的影响，发现那些“故意”丢失的将要投递的信件，比起如果收件人是普通人的，或者那些寄给慈善机构的信件，将更容易被寄出（Chang et al.，2016）。周翔翼和宋雪涛（2016）运用审计实验法，通过发送假简历探讨中国劳动力市场上的性别歧视问题。

在中间纬度地区，李玲芳及其合作者在Ebay上创建了两个出售同样商品的卖家账号，其中一个卖家账号打出标语“评论有礼”，他们发现“评论有礼”政策提高了评价率和好评率，但是没有增加销售量（Li and Xiao，2014）。杨晓兰等考察工作意义及现金和荣誉激励对工作效率的影响，发现单项激励的影响符合预期，但是工作意义和荣誉激励的交互作用为负向，推断二者的作用渠道相同（Kosfeld et al.，2017）。罗俊等（2018）探讨公开姓名对捐赠行为的影响，发现那些不愿意捐多的人拒绝捐款，愿意捐多的人增加捐款数额。

在南部地区，潘丹和张宁探讨讲座教育和田间指导对农民获得使用化肥知识的影响，发现纯粹的讲座教育没有影响，在讲座之外增加的田间指导具有显著效果（Pan and Zhang，2018）。谷一祯与其合作者借助推广时间差，探讨农村淘宝对家庭福利的影响（Couture et al.，2018）。梁平汉与其合作者在监狱里提供让犯人通过劳动为慈善机构捐赠的机会，发现在囚犯身上也有亲社会偏好以及对自己人的偏爱（Guo et al.，2018）。

除了自然实地实验，国内学者还从事虚拟实地实验类的研究，即把实验室实验研究搬到现实世界的空间里去做。这些实验中有随机实验，如周晔馨及其合作者在工人群体开展的公共物品游戏（Vollan et al.，2017）。还有一些实验是非随机的，如毛磊及其合作者对比移民和非移民的风险偏好和不确定性偏好（Hao et al.，2016），龚冰琳和杨春雷等在母系的摩梭族和父系的彝族之间对比在风险偏好和利他偏好上的性别差异（Gong and Yang，2012）。

此外，国内还有一些介绍随机实地实验的综述类文章，如陈玉梅和陈雪梅（2012）、罗俊（2014）、罗俊等（2015）。

笔者分别在班级里、道路上和医疗系统里开展过三个系列的随机实地实验，探讨座位相邻学生之间的同群效应、班干部经历对学生成长的影响，检测一般性惩罚信息和针对性惩罚信息的威慑作用，以及社会对比和社会地位意识对交通行为的影响，还考察患者的医保状态和医生的经济激励对医生开处方行为的影响。在本书的下篇将做更详细的介绍。

当前国内在随机实地实验上开展的研究不足，一方面是由于国内科研经费的投入，尤其对年轻人的投入相对比较小，难以为实施实验研究提供充足的经费保障。另一方面是因为在对随机实地实验方法的认识上还存在着一些问题。首先，一些研究者对随机实地实验方法不太了解，不知道如何具体实施。其次，一些研究者直觉上认为做实验一定会花很多钱，因此望而生畏。与用观测数据所做的实证分析比较，实验的确需要更多的经费，而且有些实验也的确需要大额的经费，如给农民补贴、给学生免费午餐等，实施一项实验也往往需要很长的周期，但并非所有实验都是如此。也有一些实验只需要较少的经费、较为简洁的流程和不太多的人力和物力投入。最后，一些研究者仍然倾向于把随机实地实验简单地看成政策评估的工具，并没有把实验很好地融入对理论的探讨和对机制的分析中去。解决上述认识问题，是本书的重要目标所在。

3 实验设计中的七大要素

3.1 研究问题

研究问题的类别直接影响到随机实地实验研究中干预措施的设计策略。在随机实地实验研究中，研究问题从功能上大致可以被分成两类。

一类随机实地实验研究侧重探讨新方法。扶贫、教育、健康干预等方面的大多数研究都属于这一类。我国改革开放以来大多数的试点，如包产到户、企业改制、分税制、省管县，以及医疗保险、养老保险等的试点，都试图探讨新方法、新政策，因而也都属于这一类别，虽然它们并没有用真正意义上的实验方式去推进和评估。这类实验研究的目的是，从实验中发现一些有效的潜在干预措施，这些措施可以被大规模的社会推广并提升社会福利。以此为出发点的随机实地实验对干预措施的有效性和可行性有着双重要求。在有效性方面，要求设计出的干预措施具有现实有效性。这好比爱迪生的实验，虽然他发现一些不能用作灯丝的材质的确是有益的，但最终发现能够发光的灯丝对于社会的影响仍然更为重要。因而，通过理论推导、现实摸索、文献学习，以及对其他领域的借鉴等，设计出富有成效的干预措施，是这类实验研究的首要任务。

在有效性上，一个著名的“失败”案例是千年村项目（Millennium Villages Project）。Jeffery Sachs 是哥伦比亚大学的经济学教授，他的基本观念是：贫困是一个综合问题，穷人往往同时受到许多现实条件的制约；假如只在一两个方面给予穷人帮助，他们还是无法摆脱“贫困陷阱”，无法走上致富之路。为了实现自己的计划，Sachs 带领着研究团队，向世界银行、各国政府、各大非政府组织（non-government organization，NGO），以及许多富豪进行了游说，募集到巨额的研究经费。在非洲十几个国家选定的样本村中，Sachs 团队全面地改善了当地的公共设施和公共服务水平。每个村子每年平均耗资 25 万美元以上，整个项目持续了将近 10 年。然而，随着后期对项目效果的评估不断被发表，研究者发现，这一昂贵的工程对于减少贫困的作用微乎其微，甚至比不上许多已经被广泛应用的扶贫手段。更糟的是，由于研究设计上存在问题，项目评估的科学性也饱受质疑（王也，2016）。

在可行性方面，要求这些干预措施在现实中是潜在可推广的。如果实验有效，干预措施的成本和收益必须是社会可接受的，否则实验也会丧失现实意义。例如，医疗保险涉及对患者缴纳的保险金数额、报销比例、报销封顶额度等的设定。这一方面需要考虑患者的缴付能力、社会的统筹能力，另一方面还需要医疗保险在患者遭遇重大疾病时候能够发挥一定的作用。又如，在对学生或者老师的激励实验中，奖学金或奖教金金额过高，可能超过教育经费的能力，但如果金额较低，又不能充分发挥奖金的激励作用。

综合有效性和可行性的双重考虑，理想的实验设计可以包含不同强度的干预措施，用低强度版去尽可能满足可行性，用高强度版去最大限度测试有效性。在条件允许的情况下，可以增加更多的干预等级，以便选择最优的干预强度。Olken（2007）在印度尼西亚的村庄修路项目中探讨审计和公民参与对工程腐败的影响，采用了两个不同强度的公民参与的干预措施。一个强度大但实施要求高，另一个则相反。

另一类随机实地实验研究侧重于识别现实状况。很多与歧视相关的研究都属于这一类，此外，还包括一些关于效果和机制探讨的研究。歧视，在现实中常常非常隐蔽。很多人不愿意公开承认歧视，尤其是在法律禁止歧视的情况下；有时候当事人甚至没意识到自己已经进行了歧视。这使得问卷在探讨歧视的问题上力不从心，必须通过实测进行。在这样的情况下，实验不是为了获得歧视性的结果，而是要让实验中的市场交往双方尽可能地模拟现实，并同时方便数据的收集和对比，从而探讨在现实中是否存在歧视。例如，Bertrand 和 Mullainathan（2004）试图探讨在美国就业市场上是否存在针对白人或黑人的种族歧视，其关于雇主和求职者的设定都尽可能地贴近现实。实验中的雇主是现实中真实的雇主，他们在当地报纸上刊登招聘广告。与此同时，这些报纸上的招聘广告也是当地求职者重要的求职信息来源。求职者通过简历展示自己，为了让求职者简历更贴近现实，Bertrand 和 Mullainathan 搜集了真实的、具有代表性的简历作为模版，并且从一个州的出生名录上统计出使用频次多、社会辨识度高的白人和黑人的名字，用作求职者姓名。雇主和求职简历的现实性能极大地增强实验结果的现实说服力。

有一些探讨效果的文章，其研究不是为了试点某个方法，而是为了探讨现有的方法或政策是否有效，但是在现有的环境里难以考察该效果，因此需要通过实验模拟相关的政策和措施。例如，Atkin 等（2017a）考察出口（来料加工）对企业生产和业绩的影响。出口是国际贸易的重要形式，在很多国家和地区之间发生。但由于出口企业的选择性，即出口企业和非出口企业在生产效率、企业管理、资金约束等多方面可能存在差异，观测数据难以评估出口的影响。Atkin 等（2017a）

的实验目的不是寻找更好的贸易方法，而是试图考察通常的来料加工对企业生产的影响。为了贴近现实，其订单是真实的，是发达国家居民对毛毯的现实需求；续订单机制也尽可能地符合现实中的一般情况，即如果上一份订单质量达标，才会有更多后续的订单。正是因为实验措施和环境贴近现实，实验结果才可以被扩大化理解。

类似地，对于很多探讨机制的研究，其不是为了创造出有效的机制，而是为了验证某个潜在的机制是否是政策效果的实现机制。例如，被员工推荐的求职者更容易被企业雇用，这是一个广为记载的现象。但为什么企业偏爱那些员工推荐来的求职者呢？Pallais 和 Sands（2016）运用随机实地实验探讨员工推荐在企业招聘中发挥积极作用的三个可能机制。在研究里，首先模拟现实生成内部员工，其次让老员工推荐新员工，最后在推荐的和非推荐的两类新员工之间做对比。在探讨新员工在和其推荐者一起工作的时候效率是否会更高，Pallais 和 Sands 设计了一项必须通过信息沟通才能完成的工作任务，这个任务模拟了现实中一些特定的工作环境。在机制考察中，观测数据难以用来考察机制效应，往往是因为机制在现实中难以显现出来。完全模拟现实，可能会阻碍实验优势的发挥。这时候，即使某些干预措施在现实中可能并不会自然发生，如果它们契合现实，不显得突兀，也是可行的。

除了从功能上进行划分，还可从考察内容上进行划分，此时，研究问题可以大致被分成五类：直接影响、影响机制、溢出效应（间接影响）、长期影响，以及不同干预措施之间的交互作用。仍然以节约用电宣传为例介绍这五类研究问题。一是直接影响。节约用电宣传是否影响了居民的用电消费？影响的作用有多大？对不同特征的居民有怎样差异性的影响？异质性影响主要可以归为此类，但有些情况下，对异质性影响的探讨能够揭示影响机制。二是影响机制。不同的宣传方式、内容是否有不一样的影响？或者通过什么渠道产生影响？是否减少耗能电器的使用了、出门更注意关闭电源了、购买节能电器了？三是溢出效应。对某一用户的宣传是否对邻居、亲戚、朋友等产生影响？是否对水和煤气等其他相关消费产生影响？四是长期影响。影响作用的时间趋势如何？有怎样的长期影响？五是不同干预措施之间的交互作用。安装即时电表是否会影响节约用电宣传的效果？全盘考虑各种可能的研究问题，有利于系统地进行实验设计，在前期就为后期做好准备，或者至少给未来留有余地。

3.2　实地背景考察

实验就好比创业，研究问题是创业的点子，实地背景是创业的环境。John

List 强调实验人员一定要熟悉所研究的市场。考察实地背景，主要从以下几个方面进行。

第一，实地是否存在所预想的问题？如果现实已经处在相当优化的状态，就没有必要进行进一步的干预。当然，现实中通常不会凭空地幻想出一个社会问题，往往是文献里记录某个问题存在，但这个问题未必存在于研究人员所观察的区域和人群中；或者是文献里有紧密联系的类似问题存在，研究人员外推时觉得可能也存在某些问题，但事实上未必存在。笔者有过类似经历。世界卫生组织和联合国粮食及农业组织提出“隐性饥饿”的概念，指出膳食中缺乏维生素、矿物质会导致严重的营养不良。缺乏维生素的主要原因是蔬菜、水果摄入不足。虽然在欠发达地区有物资匮乏的原因，但在发达地区也有很多儿童挑食、不吃蔬菜水果，因而有一些研究对此进行实验干预。例如，Just 和 Price（2013） 根据基线调查指出，即使学校提供免费、不限量的蔬菜和水果，也只有 33.2%的小学生会吃一份或以上的蔬菜和水果。类似地，在 Loewenstein 等（2016）的基线调查中，只有 39%的学生吃蔬菜和水果。这两项研究进而通过物质激励，鼓励学生多吃蔬菜和水果，学生在发现实验干预后，即使不再有物质激励，吃蔬菜和水果的习惯依然能保持一段时间。因为有多个渠道提及不吃蔬菜和水果的严重性，并且已经有文章进行了干预，我们一开始把不爱吃蔬菜的问题想得特别当然。合作者中正好有朋友在开办规模中等的幼儿园。笔者和合作者考虑去幼儿园进行干预，试图探讨更多的激励方式及激励年龄更小的儿童多吃蔬菜水果是否更容易形成习惯。在琢磨应该设计怎样的干预措施和如何分组时，我们有些环节想不清楚，觉得应该到现场观察一下幼儿园小朋友的日常生活。因此，我们约了一个接近中午的时间去观察小朋友吃饭，发现小朋友们把分配的饭菜都吃掉了，没有人剩饭菜！这家幼儿园不存在挑食不吃蔬菜的问题，因而我们就没有办法在这家幼儿园开展实验。

了解实地是否存在所预想的问题，对于探讨新方法类的实验是必需的。但有时候，探讨现实中是否存在某个问题，本身就是实验的研究目的。例如，Bertrand 和 Mullainathan（2004）的研究目的就是探讨进入 21 世纪后的美国是否还存在种族就业歧视。对于这类实验，事先了解问题是否存在及严重程度也是有益的。在后面的章节，我们会提到，实验设计需要通过预估结果的大小来计算样本量。

第二，当前存在这个预想问题的原因大致是什么？对原因的大致了解，有利于干预措施的设计，也有利于理解干预措施的作用机制。有的实验措施可以直接从原因上进行干预。例如，Lu（2014）探讨医生开处方中的代理人行为。出现代理人行为，是因为医生可以从医院的药房销售中拿到提成。此外，有了医疗保险之后，患者的支付能力增加了，这可能为医生的代理人行为提供了更大的空间。因而，在实验里，Lu 设计了有无医疗保险和是否在药房拿药的 2×2 的干预措施。

第三，干预措施理论上能否解决这个预想问题？如果能够解决，可能的机制大概是什么？实验必须和理论相结合；碰巧取得了好的结果，但在现实中难以进行复制，也是没有意义的。以探讨新方法为侧重点的实验追求干预措施的有效性，一个干预措施首先得在理论上对要解决的问题有所帮助。例如，针对落后地区的资金扶贫项目，因为它们有很强的预算约束，给予一定的资金有利于放松预算约束；同样的干预措施放在稍富裕的地区可能效果就非常不一样。思考作用发挥的机制，有至少三方面优势。一是把握干预措施如何发挥作用，有利于更好地预测干预措施在具体的实地背景下的作用效果。二是刻画干预措施的作用机制，有利于干预效果从一个实地背景向其他实地背景的外推。如果干预效果实现的重要机制依赖于某个特定的条件，而这个条件在别的环境下都不存在，这会极大地降低实验结果的外推性；若情况特别严重，甚至需要考虑更换实验背景。三是作用机制本身就是研究更纵深的追求，有利于更深入地解析干预措施的功能。

这里还要消除一个可能的误解。实验结合理论，并不意味着干预措施的设定要直接针对问题产生的原因；针对原因的干预措施可能是有效的，但其他干预方法也可能是有效的。例如，在医学领域，很多患者过度劳累导致免疫力下降从而患上癌症，尽管增强免疫力是一个理论上非常符合逻辑的干预措施，但现实中常常通过化疗等方法直接杀死癌细胞（同时也会杀死健康细胞）。在实验文献中，如前面提到的吃蔬菜和水果，不愿意吃往往是因为口感不好，不是因为不给钱，但物质激励的确可以促进吃蔬菜和水果，而且这也符合激励理论。

第四，这个实地背景是否允许干预措施有效地进行？具体的干预手段、媒介等能否实现有效的干预？尤其，控制组和干预组之间能否有效隔离，如何避免或者评估彼此间的溢出效应？实地实验的一个重要特征是真实；在对被试者的观察里，实验措施必须是自然地发生。如果实施起来很别扭，就得重新设计。

要实施有效的干预，干预手段、媒介等必须能够有效地干预到被试者。例如，不能给文盲提供文字信息类的干预，避免给老人提供小号的文字信息。Lu 等（2016）在对车主进行发短信干预之前，多方面了解大家处理手机短信的方式，并且避免在周一发送短信，因为往往大家在周一比较忙，若手机短信过目就忘的话，就起不到干预效果。后来，笔者在一个农业保险相关的调研中，一开始也构想使用手机短信作为干预，因为其成本较低且相对高效，但是担心农民没有手机。在事前的调研中，笔者询问农民是否有手机，他们都说有，笔者以为一切顺利。但在调查将要结束的时候，笔者又多问了他们一句："你们看手机短信吗？"农民的反应是"短信怎么看？只会接电话""短信字太小，看不清楚""不识字，看不懂"等。因此，笔者就只能放弃短信干预。

因为干预效果是通过对比干预组和控制组进行评估的，把干预组和控制组进行有效的隔离，让干预组被干预到和保持控制组不被干预到是评估无偏的重要保证。有些干预措施在现实背景下是难以有效实施的。例如，在考察信息对股民的影响时，即使把股民分成获得信息和没有获得信息两组，也因为此类信息的传播极为迅速且不可控，而且股票价格变化也能迅速传递信息，难以评估干预效果。

还有一种情况，看起来干预组和控制组能够被有效隔离，但事实未必如此。例如，我们想探讨价格弹性，给某个企业低价提供某种原材料，对其他企业不进行干预，即使我们在实施过程中执行得很严格，该给的给了，不该给的没有给，最后可能得到的也不是这个企业的价格弹性。为什么呢？只要不限量，并且存在再流通的可能性，被干预企业可把低价原材料稍微加一点价格但低于市场价格卖给其他企业，它的需求其实包括部分市场需求。这样计算出来的价格弹性就很难界定是哪个企业的价格弹性。

关注干预组和控制组能否被有效隔离，并不意味着不能有效隔离的研究就不能做，而且有些研究的目的就是探讨个体之间的溢出效应。例如，Duflo 和 Saez（2003）探讨同事之间的相互影响对退休储蓄计划的影响，其实验干预措施是他们随机通知一部分人去参加信息宣讲会，但他们预知同事之间会进行讨论，收到通知的同事会拉着没有收到通知的同事一起去参加宣讲会。因此，他们在实验设计和数据分析上都做了特殊处理。

第五，能否有效地进行数据收集？尤其如何进行长期的追踪？

干预措施是一个研究中的自变量 X，但是仅有自变量 X 没有结果变量 Y 是没法做研究的。事实上，结果变量 Y 的丰富程度对研究的价值具有很大影响。在 3.1 节关于研究问题的介绍中，同样的干预措施因为结果变量的不一样就探讨了很不一样的研究问题。数据收集有时候相对容易，有时候却比较难。例如，探讨一个干预措施对学生的影响，学习成绩的数据通常很容易收集，但是其他数据，如主观喜好和个人生活特征必须通过问卷收集。数据收集的难点常常表现在两个方面：一是能够接触到被研究个体，但如何可信地收集数据。有一些问题，问卷的被访人不愿意真实的回答，如涉及隐私的真实回答可能让被访者尴尬或者对被访者造成不利。二是如何追踪到个体。如果个体的流动性本来就很大，或者实验干预会造成个体的流动性，都会给数据收集带来困难。这也是当前对流动人口进行实验干预研究比较少的原因。

想做什么和现实能做什么，是有差距的。在研究问题和实地背景的磨合中，可以去重新设定研究问题或者调整研究方案。此外，现实往往可能提供新的契机，因此要随时保持一颗发现机会的心。

3.3　样本量的确定

一个好的实验设计要具有鉴别力。如果一个干预措施有六分的效果，而且这六分的效果具有重要的现实意义，那么在实验假设检验的时候，就必须要做到让这六分的效果显著不为零，否则实验设计就会缺乏识别力度。一个实验，如果在事前就已经预估到不能识别出具有一定现实意义的效果，这个实验是不值得开展的。这涉及两方面的问题，一是对实验措施的效果进行预估，二是对分析的误差进行预估。前者和干预措施本身相关，后者和样本量紧密相关。

在一个干预组和一个控制组的简单对比分析中，干预措施（T_i）的效果可以由方程（3.1）的 β 表示，方程（3.2）的 $\hat{\beta}$ 就是 β 的估计值。在独立同方差性的假设下，$\hat{\beta}$ 的方差可以表示为式（3.3）。

$$Y_i = \alpha + \beta T_i + \varepsilon_i \tag{3.1}$$

$$\hat{\beta} = \frac{\sum\left(T_i - \bar{T}\right)\left(Y_i - \bar{Y}\right)}{\sum\left(T_i - \bar{T}\right)^2} \tag{3.2}$$

$$\mathrm{Var}\left(\hat{\beta}\right) = \frac{\sigma^2}{\mathrm{SST}_T} = \frac{\sigma^2}{N \cdot \mathrm{Var}\left(T_i\right)} = \frac{\sigma^2}{N \cdot P\left(1-P\right)} \tag{3.3}$$

其中，SST_T是 T_i的总体平方和，等于样本量 N 乘以 T 的方差$\left[\mathrm{Var}\left(T_i\right)\right]$；$T$ 是二元变量，$\mathrm{Var}\left(T_i\right)=P(1-P)$，其中 P 是干预组在样本量中的占比。

要提高实验的鉴别力和精确度，就要减小 $\hat{\beta}$ 的方差。这主要可以通过三个途径进行。

一是通过增加控制变量来减少 σ^2。σ^2 就是误差 ε_i 的方差，在干预效果给定的情况下，是不能凭空减少的。要减少误差的扰动，就需要利用多元回归的思路，放入对 Y 具有解释力度的控制变量，减少误差项里包含的内容，从而减少误差项的方差。当然，要增加的控制变量必须是干预措施实施前的数据，如果是干预措施实施后的数据，这些变量必不能被干预措施改变。

二是选择干预组的占比 P 的大小。关于 P，有两点需要注意。首先，P（1–P）在分母上，要减少 $\hat{\beta}$ 的方差就必须增加 P（1–P）的值。其次，干预组的占比 P 和控制组（1–P）对方差的影响是一样的。既然其贡献一样，那么在给定预算约束的情况下，应该增加成本低的占比。结合这两点，如果干预组和控制组的实验成本是相似的，那么可以选择 P=0.5，这时候 P（1–P）取最大值；如果干预组的成本远大于控制组的成本，那么可以适当地减少干预组的占比、加大控制组的数量。假设 C_C 和 C_T 分别是控制组和干预组单个样本的成本，问题的解决就是要在受制于预算约束的情况下最小化 $\mathrm{se}\left(\hat{\beta}\right)$。

$$\min \mathrm{se}\left(\hat{\beta}\right)=\sqrt{\frac{\sigma^2}{N\cdot P(1-P)}} \tag{3.4}$$

$$\mathrm{st}.N\cdot P\cdot C_T+N(1-P)C_C\leqslant B$$

最优化后得

$$\frac{P}{1-P}=\sqrt{\frac{C_C}{C_T}} \tag{3.5}$$

三是选择样本量 N 的大小。就 $\mathrm{se}\left(\hat{\beta}\right)$ 的公式而言，N 越大越好。但是在现实中有预算约束，在 P 给定的情况下，样本量 N 也就确定了。如本节开头所述，一个没有鉴别度的实验是不值得开展的。因此，这里的问题不是要通过预算约束去选择 N，而是要根据实验鉴别度的要求去选择 N，然后去确定实验的预算。

所谓实验鉴别度，指的是最小可测效果（minimum detectable effect，MDE），即在给定的显著性 α 和功效 k 水平下，实验设计允许拒绝为 0 的最小干预效果，如方程（3.6）所示。

$$\mathrm{MDE}=\left(t_{1-\alpha}+t_k\right)\cdot \mathrm{se}\left(\hat{\beta}\right) \tag{3.6}$$

为了更好地理解最小可测效果，我们可以参照图 3.1。要想在 α 的显著性水平上拒绝系数 β 为 0，那么 $\hat{\beta}$ 必须出现临界值远离 0 的一侧。如果真实的 β 如图 3.1 所示，得到那样一个 $\hat{\beta}$ 的概率如阴影部分面积所示。MDE 指的是，如果阴影面积等于功效 k 的值，β 应该的大小。如果 β 小于 MDE，在 α 显著性和 k 功效上就不能拒绝 β 不为 0。换句话说，只有干预效果 $\beta\geqslant$MDE 的时候，实验设计才能允许检测出此干预效果不为 0。

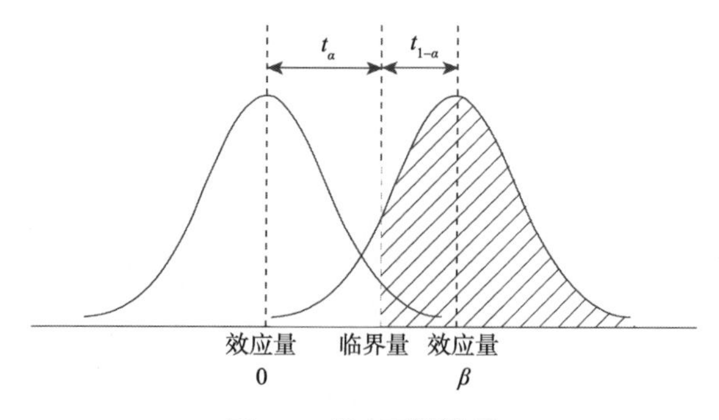

图 3.1　最小可测效果

干预措施一旦给定，β 的大小就给定了，要实现 $\beta \geqslant \text{MDE}$，就只能调整样本量 N。

$$\beta \geqslant \text{MDE} = \left(t_{1-\alpha} + t_k\right) \cdot \text{se}\left(\hat{\beta}\right) = \left(t_{1-\alpha} + t_k\right) \cdot \sqrt{\frac{\sigma^2}{N \cdot P(1-P)}} \tag{3.7}$$

根据方程（3.7），左右两侧同时平方，再把 N 提到方程的左侧得到式（3.8），即

$$N \geqslant \frac{\left(t_{1-\alpha} + t_k\right)^2 \cdot \sigma^2}{\beta^2 \cdot P(1-P)} \tag{3.8}$$

在式（3.8）中，$\left(t_{1-\alpha} + t_k\right)^2$ 在确定 α 和 k 的值之后，是确定的。通常人们使用5%的显著性水平和 80%的功效进行双尾检验，因此，α 取 0.05，$\left(t_{1-\frac{\alpha}{2}} + t_k\right)^2 = \left[t_{0.975} + t_{0.8}\right]^2 = (1.96 + 0.84)^2 = 7.84$。$P(1-P)$ 由 C_{C} 和 C_{T} 的比值决定。在确定了 $\left(t_{1-\alpha} + t_k\right)^2$ 和 $P(1-P)$ 之后，式（3.8）还剩下 σ 和 β 未定，这二者的确定通常并不容易。

系数 β 的大小，取决于干预效果的强度，这正是实验所要探讨的问题。预测 β 的大小通常有三种方法。一是历史经验方法。例如，扶贫研究，在过去可能有一些类似的扶贫项目，虽然当前的研究项目和过去的项目在设计上有一些差别，但是大致上可以判断出项目效果会更强还是更弱，以此为基础大致判断 β 的大小。另外有一些情况下可以根据基于观测性数据的研究去判断，如简单的相关性发现 1 元收入能带来 0.2 元消费支出，虽然并不严谨，但是 0.2 可以作为我们推算补贴对消费影响的基准。

二是情景法调研。如果干预措施实施，访谈或者问卷调查潜在的实验对象会做出怎样的反应。例如，在扶贫研究中，调查贫困户如果每个月多获得 100 元，他们会拿来干什么。当然，他们的回答和他们现实的反应会有差异。

三是预实验。先在小规模上开展实验干预，因为样本小，实验结果可能不太可靠、精确度差，但是小规模的预实验能给我们一个估计，干预措施大概能有多大的效果。预实验可能成本比较高、周期比较长。

从上述对三个方法的介绍可以看出，对 β 的大小的估计，在很多情况下，会是非常粗糙的。

对方差 σ^2 的估计，通常也是比较困难的。估计 σ^2 不是问题的核心，最重要的是估计 β 的方差。上述关于 β 方差的估计假设了独立同方差性，如果在涉及群体层面抽样及需要使用聚类方差的情况下，β 方差的估计会更复杂。借用 Duflo 等

（2008），假设个体 i 处于群体 j 里，ω_{ij} 是群体内波动，V_j 是群体间波动（也可以理解为组内共性）。假设 $\mathrm{Var}\left(V_j\right)=\tau^2$，$\mathrm{Var}\left(\omega_{ij}\right)=\rho^2$，一共有 J 个组，每个组里有 n 个个体。

$$Y_{ij}=\alpha+\beta T_i+V_j+\omega_{ij}$$

如果随机干预是在个体层面上进行的，即平均而言每个群体 j 里都既有 T=1，也有 T=0，那么 $\hat{\beta}$ 的标准误是

$$\mathrm{se}\left(\hat{\beta}\right)=\sqrt{\frac{\tau^2+\rho^2}{nJ\cdot P\left(1-P\right)}} \tag{3.9}$$

但如果随机干预是在群体层面上进行的，即如果一个群体进入干预组，这个群体里的所有个体都进入干预组，那么就必须采用群体聚类方差，$\hat{\beta}$ 的标准误是

$$\mathrm{se}\left(\hat{\beta}\right)=\sqrt{\frac{n\tau^2+\rho^2}{nJ\cdot P\left(1-P\right)}} \tag{3.10}$$

上述式（3.9）和式（3.10）的差别在于 τ^2 前面是否乘以群体大小 n。当群体大小 n=1 的时候，两个公式的值是相同的，否则在群体层面进行随机干预而适用的方差一定大于在个体层面上进行的随机干预。组内共性越大，群体层面上随机的方差增加越明显。

不管套用哪个公式，估计分子的大小都不容易，这往往需要前期数据——前期的 Y 和控制变量。在独立同分布的假设下，估计 ε_i 的方差，最简单的方法就是估算 Y 的方差。如果有其他控制变量，我们可以做一个回归获得 σ^2，具体有两种做法。一种方法是把 Y 回归到已有的控制变量上，得到 $\hat{\sigma}^2$；因为实验没有开展，对于所有个体而言 T=0，可忽视 T。

另一种方法更便利，按照实验设计生成变量 T，无论实验是打算在个体层面上进行随机干预，还是在群体层面进行随机干预，都把它放到回归里。由于实验还没有开展，T 的系数必须接近 0。这个方法的优点是，自动计算 $\tau^2+\rho^2$ 或者 $n\tau^2+\rho^2$，可以直接给出基于当前数据样本的 $\mathrm{se}\left(\hat{\beta}\right)$。式（3.9）和式（3.10）假设每个群体内有同样数量的个体，并且每个群体内的方差是相同的，但现实中常常不是这样的。把将要开展的干预变量 T 带入回归，用实际数据计算 $\mathrm{se}\left(\hat{\beta}\right)$，可以直接规避上述假设所带来的问题。上述 $\mathrm{se}\left(\hat{\beta}\right)$ 是在给定数据样的基础上计算的，可以在此基础上推算需要扩大样本还是可以减小样本。

很多时候，并没有关于实验对象直接相关的前期数据，其他的数据也可以被借用，但需要假设样本特征相似。例如，考虑在某个城市做居民消费干预的实验，

但并没有关于这个城市的居民数据，但是中国家庭追踪调查（China family panel studies，CFPS）或者中国家庭收入调查（Chinese household income project survey，CHIP）里有相似城市的数据。在这样的情况下，我们也可以做上述的计算，只不过以此推断样本量的时候，由于样本可能的差异性，需要在计算结果的基础上适当放大样本量。

事实上，尽管有那么多的公式和方法，预估系数 β 和方差 σ^2 都不是容易的事。我们常常很难预估出 β 的大小或者 σ^2 的大小，但又希望决策能有所依。Duflo 等（2008）介绍了一个启发式的决策方法：用 σ 表达 β。依据经验而言，干预效果的大小一般定义为：小效果 0.2σ、中效果 0.5σ、大效果 0.8σ。这样的好处是，依据方程（3.8），分子和分母中的 σ^2 可以相互删掉，很容易得到 N 的下限值。因而，分别把 0.2σ、0.5σ、0.8σ 代入方程（3.8），假设 P=0.5，预估的小效果、中效果、大效果所需的样本量的下限分别是 784、125、49。在笔者的不完全印象里，很多干预对学生成绩影响的效果在 0.2 个标准分上，如果没有其他控制变量，所需样本量在 800 左右。

还有一个相对便利的估计方法，即把水平值的对比转化成 0/1 变量。这个方法在其他文献里没有见到介绍，但是在 Lu（2014）的研究过程中曾经被采用过。Lu（2014）试图对比在四种不同情境下医生的开处方行为，主要结果变量为月均药品价格。由于对 β 和 σ^2 的大小非常缺乏估计，Lu（2014）转换思路，假设在情境一和情境二下分别看 10 次医生，两组第一次进行对比时，如果情境一下的药品价格高于情境二，记为 1，否则记为 0（假设理论上情境一下的价格会更高）；两组进行第二次对比时，根据结果记为 1 或者 0；依次类推，20 个样本可以生成 10 个 0/1 指标值。因为是 0/1 指标，其方差 $P\left(1-P\right)$ 在 P=0.5 时取最大值 0.25。如果情境一和情境二的结果无差异，其均值应为 0.5。此时的研究问题转变为该 0/1 指标的均值和 0.5 的差值是否显著不为 0。10 位医生中，如果有 2 位医生在情境一下会增加开药量，换句话说，0/1 指标的均值和 0.5 的差值等于 0.2，Lu（2014）觉得这个差值既是很可能的，也具有重要意义。让 0.2 显著不为 0 所需要的样本量是

$$\frac{0.2}{\sqrt{\dfrac{0.5\times0.5}{N}}}\geqslant t_{1-\alpha}+t_k=1.96+0.84=2.8 \tag{3.11}$$

因而

$$N\geqslant\left(2.8\times\frac{0.5}{0.2}\right)^2=49 \tag{3.12}$$

其中，N 是两组对比产生的 0/1 变量的样本量，两组对比产生的样本量要求超

过 98。

把水平值的对比转化成 0/1 变量有两个好处：一是 0/1 变量方差的上限给定，不超过 0.25；二是评估干预效果更能够借助直觉，因而更容易想得明白。

本节主要对样本量的下限进行了讨论，但是在现实操作过程中有很多因素需要扩大样本量，如在以群体为单位进行随机分组的情况下，还有一些情况是实验执行不完美或者数据出现缺失，在后文会进一步讨论。

3.4 随机的方法和检验

随机实地实验的可信性优势源自随机。随机是实地实验的核心环节。随机的目的是实现控制组和干预组个体之间的可比性：不仅在过去是可比的，而且在未来如果没有实验干预措施也是可比的。

在方法上，随机大致可以分为三种方法。

第一种方法是简单随机，指的是不管样本特性如何，直接随机分组，获得一份实验对象名单，用 Stata 软件或者任何其他统计软件生成一组随机数字，按照随机数字带动名单排序，生成随机排序的名单列表。如果希望干预组和控制组各一半，那就按照该随机排序前一半后一半地分组；如果希望干预组占 20%，那就前 20%划为干预组；如果希望有三个干预组和一个控制组，那就按照各组需要的大小依次划分。简单随机分组的优势在于简单，不足在于随机分组后各组的样本可能没有很好的可比性，这个问题在小样本的情况下和在样本差异性大的情况下容易发生。这主要是因为，随机本身是大样本下的特征。

第二种方法是分层随机，指的是首先根据个体的特征进行分层，即分成小组，然后在每一个小组的内部进行随机分组，把各小组的干预组合合并起来就是总体的干预组。例如，探讨给学生辅导补课对学习成绩的影响，如果采用简单随机分组，就是不分班级、性别、学习成绩把所有学生合并在一起，按照上述的程序进行分组。虽然简单随机分组能够使得补课组和控制组在班级和性别上实现大致的可比性，如性别 55%对比 45%的可比性，但是很难实现完全的可比性。然而，不同班级的正课可能是由不同老师来教授的，而且男女学生在学习上的成长曲线可能很不一样，这些因素对未来的成绩具有重要影响，因而更好的可比性对实验探讨也将具有重要影响。分层随机，可以首先将学生按照班级和性别划分为 A、B、…H 一共 8 个小组，其次每个小组内部按照简单随机的方法进行分组，如把 A 组分成 A1 和 A2，最后把 A1、B1、…H1 合并起来作为干预组，其他作为控制组。分层随机的样表见表 3.1。

表 3.1　分层随机的样表

班级	男	女
1	A	E
2	B	F
3	C	G
4	D	H

在进行分层随机的时候，通常用类别型变量进行第一步的分层。如果用连续变量，可能会出现很多层里只有单个个体的现象。如果想基于连续变量进行分层，可以把连续变量转变成类别变量。例如，将收入低于 2 万元的算作低收入家庭，将 2 万~10 万元的算作中低收入家庭，等等。分层采用的变量一般是对结果变量可能有重要影响的变量，否则分层随机的意义不大。有些时候，也可以把极端值单独作为一个小组进行随机分组，使极端值在各组中分布得更均衡。

分层随机有三个主要优势：一是使随机分组在用作分层的变量上分布得非常均衡；二是用作分层的变量可能与其他很多变量之间有密切联系，因而也更容易在其他变量上实现均衡分布；三是分层随机在某种意义上可以发挥隔离作用，避免局部问题影响整体。每个小组内部都是随机分组，因而单个小组是可以独立做回归分析的。如果实验在某一部分人群上出现操作问题，如班级 3 需要随机安排要参加补课的学生，但因为老师不配合，通知了他认为最需要补课的学生去参加补课，那么，这时候至少可以用班级 1、班级 2、班级 4 继续进行研究。这一点在第 4 章“实验数据的分析策略”会进一步探讨。

第三种方法是匹配随机，指在每两个个体中，随机获得一个干预组个体和一个控制组个体。匹配随机本质上是分组随机的极致，对小样本的随机分组有重要的应用价值。Anderson 和 Lu（2016）在探讨担任班干部对学生成长的影响时，采用了匹配随机的方法。实验方案是请班主任为每一个空缺职位提名两位候选人，随机分组是在每一组的两位候选人中随机任命一位作为实际班干部。在这个例子中，匹配是指以目标职位匹配两位候选人。

在现实中，交替分组也是经常使用的方法，但存在一定的风险。交替分组是指按照列表顺序，若分两组按 0/1/0/1 顺序交替分组，若分多组则 1/2/3/4…/1/2/3/4…分组，虽然经常被使用，但交替分组不是随机分组。例如，Miguel 和 Kremer（2004）在肯尼亚进行的疟疾除虫实验中，对学校基于特征分组之后，在每一小组中将学校名称按照字母排列，然后按照 1/2/3/1/2/3…进行交替分组。交替分组在有些时候可以达到实现各组之间有可比性的目的，但也存在一定的风险。举一个极端例子，如果样本列表本身是男/女/男/女交替顺序的，在 0/1/0/1 的分组中，我们将会得到所有的 0 是男生，1 是女生。对此，更值得推荐的方法是，在有序名单的基础上嫁接匹配分组。例如，Miguel 和 Kremer（2004）在获得学校名单的字母排序后，按照顺序把每 3 个学校作为一个小组，然后从每一个小组中随机确定 123，最后分组的结果可能是 123、321、231、132…，这可以极大地降低风险，并且丝毫不会增加额外成本。

在一些研究中，研究对象不是事先确定的，而是动态获得的。Guéguen（2015）探讨高跟鞋的高度对社交的影响，被实验对象是商场或者街道上的路人。能遇到什么样的路人，是没有办法事先确定的，对于这样的样本，可以按照样本出现的顺序进行随机分组。换句话说，事前准备好一个基于匹配随机的随机数列，如 0110010110…，其中 0 表示矮跟鞋，1 表示高跟鞋。Lu（2014）通过扮演患者看医生的方式探讨医生的开处方行为，因为在很多医院普通挂号没有办法指定具体医生（2009 年的时间点），只能是分配给某个医生就看某个医生。其随机分组是把每个医院-病种组合的 4 个情境做随机排序，每一次就医按照预先指定的情境进行。对于动态样本，匹配随机分组好于交替分组。

随机分组在层次上，大概有三种分法：个体层面上随机、群体层面上随机和多层次随机。上述探讨主要以个体层面上随机为讨论对象。如果是在群体层面上的随机分组，即便数据是个体层面的，随机分组的对象也应该是群体，也就是先单独拿一个群体的一条数据进行随机分组，然后把分组结果合并到个体层面数据上。多层次随机，是更为复杂的实验设计，是指不仅在群体层面上进行随机，还在个体层面上又进行一轮随机。一个经典文献是 Crépon 等（2013），该研究探讨就业帮扶对就业的影响，其干预措施在两个层次上进行随机安排：在不同城市，获得就业帮助的人数比例有 0、25%、50%、75%和 100%之分；在同一个城市，不同求职者随机地被分配到获得帮扶组和没有帮扶组。其随机分组分为两个步骤：先在城市层面把城市分成随机的 5 组，再根据所在城市所处的组别，对城市中的个体进行随机分组。如果城市属于 25%组，那么该城市申请就业帮扶的人中，将进一步被随机分成 1∶3 的获得就业帮扶和没有获得就业帮扶的人；如果城市属于 50%组，获得就业帮扶的人则占申请者的一半。

随机的目的是实现控制组和干预组个体之间的可比性，但是随机是一个大样本的概率性事件，虽然经过随机分组之后，大概率上控制组和干预组之间能够实现可比，但还有可能存在例外。更为稳妥的做法是，在进行随机分组之后，对比控制组和干预组在一些背景变量上的相似性，这就是通常说的验证随机性。在随机实验的研究中，通常前面几个表格里会有一个表格，呈现背景变量在控制组和干预组的均值和方差，如表 3.2 所示。如果只有一个控制组，最后一列显示两组的差值及是否显著。如果有若干个干预组，最后一列显示几组之间是否有显著差异，或者再增加列数显示两两之间的差值及是否有显著差异。

表 3.2 检验分组随机性的样表

背景变量	控制组	干预组 1	干预组 2	差别
$X1$	均值（方差）	均值（方差）	均值（方差）	
$X2$				
$X3$				

有的分组随机比较复杂，各个小组里的控制组和干预组的比例是不一样的，如果与此同时各个小组的特征差异也比较大，那么就可能造成上述的简单对比出现巨大差异。例如，在两个地区开展助学金项目，地区 A 比地区 B 富裕很多，地区 A 的贫困标准为年收入 2 万元，申请者受资助的比例为 50%，而地区 B 的标准为 1 万元，受资助比例为 20%。虽然在每个地区内部，受资助者和不受资助者都是随机的，因而具有可比性，但是如果把这两个地区的数据合并做成上述的表 3.2，我们可能会看到干预组和控制组在很多指标上出现差异，如收入水平。这其实就是依条件随机的例子，即随机性在给定某些条件之后才成立。因此，在检测这类设计的随机性时，我们可以采取如式（3.13）的回归方程进行。

$$X_i = \alpha + \gamma T_i + S_i + \varepsilon_i \qquad (3.13)$$

其中，X 是要检测的背景变量；T_i 是 0/1 干预变量，如果有多个干预组，T_i 则是一组虚拟变量；S_i 是一组虚拟变量，代表分层后的子群体，如上述助学金例子中的各地区，或者是前面补课例子中的 A、B、…H 的 8 个小组；控制这些虚拟变量，γ 表示给定某个 i 在 S_i 里与 T_i=0/1 之间的区别。当然，我们希望 γ 与 0 没有显著差异。

因为随机性对整个随机实验影响巨大，所以，只要条件允许，在实验实施前，尽可能多用数据去检测分组的随机性。如果检测的结果不好，只要干预措施没有开展，就可以再重新进行分组。

尽管在实证分析的大多数情况下，研究人员奋斗在“星战”（star war）之中，努力地想出现显著性，看到“星星”。而检测分组的随机性则是少数“无星战”（no-star war）的情况，这也是需要奋斗的。

3.5 干预措施的设计和实施

随机实地实验的创新性优势源自干预措施的设计和实施。因为做什么是由研究人员决定的，研究主题可以突破现实，去尝试一些理论上有影响但现实还不存在的事件。当然，无论研究主题是创新性措施，还是现实既有事件，在干预措施的设计和实施中都必须考虑几个基本问题：干预措施是什么？控制组该如何安排？干预组和控制组的隔离问题如何？

在随机实地实验中，干预措施必须是明确界定的，这也是试点和随机实地实验存在很大区别的地方。虽然试点通常会有事前规划，但其具体做法常常是摸着石头过河、一边做一边调整，做的过程中可能增加配套措施等，因此，试点结束后很难把政策效果明确地归因到某个或者是某组政策措施上。在随机实地实验中，同一个干预措施在事前必须有一个明确界定，在不同实验对象上必须是同样的，并且在实施中一以贯之。

在讲到实验的时候，人们通常会说到干预组和控制组，会假设控制组是现状，什么都不做。这里可能会有几个方面的误解。第一，控制组不意味着什么都不做，有的时候，现状也需要通过努力去维持。例如，想探讨某种新型营销手段对推广保险的影响，实验可能会新推出一款保险，干预组实施某种新型营销手段，但控制组不能什么都没有，它们至少得有该新保险可买，并且获得在正常情况可能获得的信息。Olken（2007）在印度尼西亚的修路过程中探讨审计强度和民主参与对腐败的影响，就算是控制组，也得有路可修。

第二，控制组未必是现状，有时候控制组是低配版的干预措施。通常，研究问题并不是想对比某个干预措施和什么措施都没有之间的区别，也不是想考察干预措施整体的影响力，而是想探讨干预措施的某个要素的作用，这在机制探讨中尤为普遍。在这样的情况下，控制组也是有干预措施的。此外，在后面章节对霍桑效应的讨论中，也涉及控制组需要有一定干预措施的情况。

第三，干预组和控制组只是方便的说法，干预措施有区别即可。例如，Guéguen（2015）在探讨高跟鞋的研究中，鞋跟分为低跟、中跟和高跟，鞋跟之间有差异，但并没有必要区分谁是控制组、谁是干预组。有时候，甚至实验对象之间互为干预，很难进行区分。Lu 和 Anderson（2015）通过随机安排座位探讨学生之间的相互影响，每个学生都是其他学生的影响施加者，在这个研究中，只要学生本身之间有差异，就可以探讨不同特征学生对其他学生的影响。

除了干预组措施和控制组措施，实验的设计实施过程中还要重点考虑干预组和控制组的隔离问题。随机实验是通过对比干预组和控制组在干预后各种指标的不同来推动干预措施的效果。其逻辑是，干预措施的作用都影响了干预组。如果在实验过程中，控制组也直接或者间接地受到干预措施的影响，那么对比干预组和控制组就不能得出关于干预措施效果的无偏估计，至于偏误是正向的还是负向的，要依具体情况而定。Miguel 和 Kremer（2004）探讨了药品对于除疟疾的影响，由于疟疾具有传染性，一个学生身上消灭疟疾源之后其他学生得疟疾的概率也降低了，正向溢出效应导致实验产生负向偏误。Crepon 等（2015） 考察就业帮扶对就业的影响，因为受帮扶的求职者和未受帮扶的求职者在就业市场存在竞争关系，负向溢出效应导致实验产生正向偏误。处理隔离问题，通常有三种方法：一是在足够大的空间开展实验实施干预措施，让干预措施的效果尽可能不溢出。Crepon等（2015）的主要干预措施在城市层面上开展，因为劳动力的竞争很少跨区域进行。Miguel 和 Kremer（2004）选择在学校层面上推广干预措施，整个学校或者所有学生全部被给予药品或者全部不被给予药品。二是构造相应变量捕获溢出效应，把直接效应和溢出效应加总得到总体效应。例如，在减少疟疾的研究中，Miguel 和 Kremer 不仅构建了自己是否服药的变量，还构建了周围不同区域范围内服药人数比例的变量，并将其一起作为自变量放到回归分析中。这不仅降低了对自己是否服药影响的估计误差（自己是否服药和周围人群服药比例有相关性），还能把遗漏的溢出效应估计出来。三是如果能明确预测出是正向溢出，估计出来的影响将是效果的下限，那么可以承认偏误的存在，并指出估计的结果是效果的下限。

上述的隔离问题，指的是在实验进展良好的状态下，实验效果的溢出问题。实验过程本身还存在干预组和控制组的隔离问题。例如，安排学生补课，如果同一个班级既有干预组又有控制组，而补课又不是一次性行为，就很可能出现控制组的学生跟随干预组的学生去听课，那么就得事前有一个设计，避免蹭课。隔离问题在信息类的干预中，可能尤为严重。例如，探讨警告患者过度用药将可能被严肃查处这一信息干预对患者开药的影响，如果是在医院里通过发传单的方式进行，很可能产生不能隔离的问题：干预组患者看完后可能将传单随手一扔，控制组患者可能就会看到，或者控制组患者可能出于好奇主动要求看一下是什么内容。换成非现场的电话或者短信干预，可以避免上述实施过程中的溢出问题。

干预措施及其隔离的问题是影响随机安排层次的重要因素之一。通常，干预措施可以在两个层次上进行随机安排：一个是个体层次，另一个是群体层次。如果我们想通过免费提供医保探讨农村医疗保险对村民医疗支出和健康的影响，假设当地还没有医疗保险，我们可以在家庭层面上进行随机干预，也可以在村庄的层面上进行干预。所谓在家庭层次上进行随机干预，是指在同一个村庄内，把家庭随机分为有保险的家庭和没有保险的家庭；而在村庄的层面上进行干预，是指把村庄分成有保险的村庄和没有保险的村庄，一旦某个村庄被随机分为有保险的村庄，该村庄内的所有家庭就都有保险，否则就都没有保险。究竟是以家庭为单位还是以村庄为单位做随机安排，需要进行至少四个方面的考察：第一，关于样本量的考察。如果以村庄为单位随机安排医保，需要很多的村庄实现随机分组的可比性，因为随机是大样本性质；同时，由于同一村庄内部家庭之间的相关性，必须使用存在层面的聚类方差，也需要更多的村庄获得估计的精确性。第二，关于溢出效应的考虑。如果有医保的村民会代没有医保的村民开药，那么就会导致医保的溢出效应；如果不同的家庭看同一位医生，也会通过医生产生溢出效应。溢出效应会导致同一个村庄内部的村民无法准确地评估医保的效果。但如果村庄之间的溢出效应很小，应以村庄作为随机干预的单位。第三，关于干预措施实施的考虑。如果医保涉及特殊药品的供应或者涉及不同表格的填写，让基层医生在不同的药品或者表格上来回切换可能很麻烦。因而，在干预的实施中，可能以村庄为单位在操作上更容易。第四，关于控制组家庭合作的考虑。以家庭为单位，同一个村庄内的控制组家庭更可能知道实验，可能会对调研人员产生敌视，不利于收集控制组的相关数据。

如果有若干个干预措施，它们可以并列实施或者交互实施。如表 3.3 和表 3.4 所示，*T*1/*T*2 为干预措施，*N* 和 *M* 表示样本量。并列实施指的是各干预措施独立作用于样本，交互实施指的是两个维度的干预措施交互作用于样本。交互实施有两个优点：一是能够用来探讨不同干预措施之间的交互作用；二是可以样本共用，节约样本量。在探讨 *T*1 的影响时，控制组和干预组的样本量分别是 *M*1+*M*2+*M*3 和 *M*4+*M*5+*M*6；同理，在探讨 *T*2 的影响时，控制组及干预组 1 和干预组 2 的样本量分别是 *M*1+*M*4、*M*2+*M*5 和 *M*3+*M*6。在交互实施中，每个样本都被使用了两次。

表 3.3 干预的安排（并列实施）

T=0	*T*1=1	*T* 2=1
*N*0	*N*1	*N*2

表 3.4 干预的安排（交互实施）

	T 2=0	*T* 2=1	*T* 2=2
*T*1=0	*M*1	*M* 2	*M* 3
*T*1=1	*M*4	*M*5	*M*6

3.6 实验数据收集

实验数据收集通常包括干预前数据的收集和干预后数据的收集。因为二者在功能和要求上可能存在一些差别，下面分开探讨。

因为干预措施是随机安排的，所以在结果分析中，即使不控制任何其他变量，也能够得到关于干预效果的无偏性估计。那么，为什么还需要收集干预前的数据呢？论其功能，干预前数据对随机实验仍至少具有以下四个方面的作用。

一是在分组随机和匹配随机的情况下，为随机分组提供信息。在 Lu 等（2016）和 Chen 等（2017）探讨信息干预对驾驶违规的影响中，不同的地区有不同的路况，交通执法的强度也不同，因此区域是影响被记录违规量的重要因素。此外，鉴于在生活中、网络上，人们对女司机有很多嘲讽的说法，性别可能也是影响违规量的重要因素。若想采用区域和性别进行分组随机，首先就得有区域和性别的变量，而且这些变量必须在干预前获得。

二是通过干预前变量的可比性，验证干预措施安排的随机性。随机分组的核心功能是获得可以对比的个体，即如果没有干预措施，控制组和干预组在当前和未来都会保持同样的水平。虽然未来不可证，但人们通常接受这样的外推：如果控制组和干预组在干预前的变量上是可比的，那么它们在未来应该也是可比的。因此，在实验研究中，通常需要干预前变量为随机分组提供验证。换句话说，在随机分组描述之外，需要提供一些关于背景变量的描述和检验，证明控制组和干预组在当前和过去是相似的，以此从侧面证明随机分组的有效性。

三是在关于结果变量的回归分析中，增加控制变量有利于提高估计的精确度。其基本原理就是回归中增加其他控制变量的影响。如果干预前变量对结果变量非常有影响，那么增加干预前变量将能够极大地解释结果变量的变化，提高拟合优度 R^2，降低回归中的误差项方差，从而降低回归系数的方差，提高估计的精确度。这个功能在有些研究中效果明显。例如，在干预学生成绩的研究中，干预措施的作用常常是边际的，不是脱胎换骨的，上个学期的成绩往往对这个学期的成绩具有重要影响，在回归分析中控制上学期的成绩能极大地提高 R^2。Anderson 和 Lu（2016）在探讨担任班干部对学生成绩的影响中，控制干预前的成绩及家庭背景等，能降低班干部变量系数标准误的 30%。类似地，在健康状况、消费水平、收入情况的研究中，历史信息常常具有重要影响。有些时候，控制干预前变量的作用比较有限。例如，Chen 等（2017）在探讨信息干预对交通违规影响的研究中，虽然交通违规有规律性，过去违规多的未来违规也会多，但是违规是或然事件，是否控制过去的违规量对于估计干预措施影响非常有限。此外，如果结果变量是 0/1 变量，控制变量的影响力会降低。假如关于学生成绩的度量不是连续变量，而是是否超过或者低于某个分值的 0/1 变量，过去成绩的影响就会大打折扣。有兴趣的读者可以拿自己的数据尝试一下。

四是通过背景变量划分群体，探讨干预措施的异质性效果。探讨异质性影响主要有两个作用：一是有利于推断干预措施的影响机制；二是有利于现实政策更有效地瞄准目标政策人群。要想探讨异质性影响，只能通过干预前变量的差异去识别，而不能通过干预后变量去探讨。假如某个干预措施会影响收入水平，以干预后的收入水平为依据探讨干预措施在不同收入水平的人群上产生的影响，就会产生问题。如果干预措施对低收入水平的个体影响更大，那些受影响大的个体却被划分到了高收入组，会导致识别不出对低收入水平人群的更大影响。

尽管干预前数据的收集是重要的，但通常对干预前数据精确度的要求并不是非常高的。上述作用一和作用四往往要求把实验群体分成小类，因此类别型的变量就够了。对于作用三而言，干预前变量的影响是间接的，不精确会降低干预前变量对结果变量的解释力度，但是对评估干预措施的影响是通过影响回归的误差实现的。对于作用二，干预变量不精确可能会掩盖控制组和干预组不可比的问题；

如果很不精确，相当于做了无效的检测，不能发现问题。因为有随机方法作为第一道保障，其影响往往不会很大。

干预前数据的收集可以通过三种方式进行。

第一种方式是基线问卷调查。基线问卷调查的好处是，可以详尽调查实验对象过去和当前的状况。如前文所述，如果背景信息对未来有非常大的影响力，或者对于精准识别异质性具有重要价值，基线问卷将具有重要意义。

但基线问卷可能存在两个不足。其一是可能会极大地增加成本。在预算约束比较紧张的情况下进行基线问卷调查可能就不是最合理的资源分配方法。其二是基线问卷可能会改变行为。Zwane 等（2011）研究指出，是否进行问卷及问卷的频次可能改变行为，从而改变对干预效果的评估；当然，是否会影响取决于具体情境。结合 Zwane 等（2011）及笔者的思考，基线问卷改变行为可能主要通过三个途径。一是提升注意力。有时候问卷的问题会引发实验被试者注意到某个问题，进而产生思考，改变行为。二是增强监督。频繁地被询问关于某个应该做的行为，会给被试者产生压力，从而产生更多的依从行为。三是增加信任度。如果问卷调查员和实验干预员是同一批人，那么问卷过程中建立的信任可能会影响实验的效果。

第二种方式是后期问卷回顾。后期问卷是指实验干预后开展的问卷。该方法可以用于对干预前部分客观信息的收集。这里强调是部分信息并且是客观信息，具体指可以被准确回忆出来且回答不容易受当前情境影响的那些信息。例如，Lu 和 Anderson（2015）通过随机安排学生座位探讨同群效应，实验干预显然不会影响学生家长年龄、学历、收入等，有很大可能性也不会影响其兄弟姐妹的人数和教育水平，这类信息就可以在后期问卷中通过询问获得。但是有一些信息，即使是客观的，时间久了被试者也未必回想得准确。询问去年或者前年的支出，农户可能记得起来，但如果问学生，可能就记不得。还有一些主观信息，要想真实地回顾就比较困难，如询问“最近一段时间，你幸福吗？”这是可行的，但如果问“去年的这个时间，你幸福吗？”就很难问出真实的情况。

第三种方式是合作机构的行政性数据。合作机构出于业务等需求收集的数据也常常是干预前数据的重要来源。很多机构都有数据，公安部门管理人口户籍数据，医院保留患者的医疗就诊情况数据，学校有学生的考试成绩数据，银行有客户的存贷款数据，等等。在当前大数据盛行的时代，各种行政性数据更是层出不穷。行政性数据的优势是一旦合作机构同意，数据的成本就很小，并且真实。Chen 等（2017）在探讨信息干预对交通违规影响的研究中，干预前数据完全来自行政性数据，车辆和车主信息来自车辆管理所数据，车辆违规数据来自交通管理部门。

相比干预前数据，干预后数据更为重要。干预后数据的内容直接影响研究的主题。同样是扶贫干预，如果干预后数据是关于消费的，那研究主题就是扶贫对消费的影响；如果干预后数据包括健康信息，那研究主题就是扶贫对健康的影响。

此外，扶贫还可以对外出打工、收入，以及亲戚和邻居的消费等产生影响；只要有结果数据，并且符合理论逻辑，相关影响都可以作为研究主题。

干预后数据收集方法日益多元化。问卷是最常用的方式，此外还有实地检测及各种经济学游戏。Olken（2007）在印度尼西亚修路的研究中，探讨审计和民主参与对工程腐败的影响。通常工程腐败表现在三个方面：一是虚报价格，二是虚报数量，三是豆腐渣工程。价格涉及原材料价格和劳动力价格，在这两个价格上，Olken 通过问卷询问原材料供货商和村民获得相关价格；在虚报数量和豆腐渣工程的问题上，Olken 采用的是实测。数量，指的是路面的长度和宽度，其比较容易实测，道路的质量问题就要复杂得多。Olken 组建了一队工程师在每一块路面上挖一块样本，测各种材料在铺路工程中的用量。

实验室实验也是数据收集的重要方式。在实地实验的时候，结合实验室游戏去测一些问卷不容易测量或者很难真实测量的指标，当然一旦放到实地，它们就被称为虚拟实地实验。用得比较多的游戏方式是风险游戏（风险偏好）、独裁者游戏（利他偏好）、信任游戏（信任）等。List（2004）考察商品市场上的种族歧视问题，首先通过实地实验发现了种族歧视的存在，为了进一步探讨该种族歧视的本质是偏好性歧视还是统计性歧视，他追加了两个实验，其中一个就是独裁者游戏。List 招募了一些职业中介人进行独裁者游戏，让他们在自己和白人、自己和黑人，以及白人和黑人之间分配一定数量的资金，研究发现，职业中介人并没有偏爱白人，从而否定了偏好性歧视。

在收集干预后数据的过程中，非常重要的是，控制组和干预组必须使用完全相同的方式进行数据收集，因为收集方式本身会影响数据。用同样的方式收集数据，对于很多研究而言，是容易实现的；如果干预措施本身包含监管手段，则可能会存在两个错误的倾向。其一是为了节约成本，借着干预措施的便利收集数据；其二是为了收集数据直接或者间接影响干预措施。例如，在 Olken（2007）的研究中，有一个维度的干预措施是加强审计，即预先告知部分村庄有关部门会 100% 地对它们的修路状况进行审计，而控制组村庄的审计概率是 4%。与此同时，为了得到腐败的相关变量，研究者必须审核每一个村庄的修路状况。在这样的情况下，如果被干预村庄的数据通过审计得来，那么控制组村庄的数据也必须通过同样的审计方式得来。但是，这一审计行为如果被控制组村庄知晓，因为其事前被告知被审计概率为 4%，这会让控制组村庄产生被欺骗的感觉（关于欺骗，3.7 节会有更多阐述）。同样的数据收集方式和不干扰干预措施都是科学实验所必需的，如果出现冲突，就需要调整干预措施或者调整数据收集。在 Olken 的研究中，因为大部分的审核在修路完成之后进行，所以同时兼顾干预措施和数据收集的挑战比较小。但如果数据收集性的审核出现在事件进行中并且还很容易被控制组感知到，该类审核将直接改变干预措施，控制组不再是预想的控制组。

3.7 实验中的道德问题

有一些读者可能看过《麦兜的故事》，其中有这样的对话。

麦兜：麻烦你，鱼丸粗面。

店长：没有粗面。

麦兜：是吗？来一碗鱼丸河粉吧。

店长：没有鱼丸。

麦兜：是吗？那牛肚粗面吧。

店长：没有粗面。

麦兜：那要鱼丸油面吧。

店长：没有鱼丸。

麦兜：怎么什么都没有啊？那要墨鱼丸粗面吧。

店长：没有粗面。

麦兜：又卖完了？麻烦你来一碗鱼丸米线。

店长：没有鱼丸。

旁白：麦兜啊，他们的鱼丸跟粗面卖光了，就是所有跟鱼丸和粗面的配搭都没了。

麦兜：哦~~！没有那些搭配啊……麻烦你只要鱼丸。

店长：没有鱼丸。

麦兜：那粗面呢？

店长：没有粗面。

没有看过的读者，可能会想："这谁呀？怎么这么呆憨呢？"那么，麦兜为什么会这样的脑筋不转弯呢？剧情中还有一个片段，麦兜妈妈说，在怀孕的时候，她参加过一个"莫扎特胎教实验计划"，该实验计划给其中一部分准妈妈听莫扎特的音乐，给另一部分准妈妈听乱七八糟的低俗音乐，如"三个胖婆呀学踢毽"。很不幸，麦兜妈妈被随机分配到低俗音乐组，她说："说了是随机抽样的，还能怪谁呢？"或许是那些低俗音乐导致了麦兜的呆憨。

那么，这个所谓的"莫扎特胎教实验计划"合理吗？一旦被分配到低俗音乐组，麦兜妈妈就只能认命，必须一直在实验中待下去吗？这就涉及科学实验的伦理道德问题。

科学实验必须遵守一定的伦理道德准则，社会科学实验也不例外。在实地实验中，几个重要的规则必须遵守。

第一，不能给实验对象带来直接伤害。例如，“莫扎特胎教实验计划”严重地伤害了麦兜，是不符合伦理的。要想改造该实验计划使之符合伦理，可以对比有莫扎特音乐和没有音乐或者有其他正常音乐，后两者是实验对象的生活常态，不会给实验对象造成额外的伤害。但是特意选择低俗音乐，要求本来不听低俗音乐的人为了实验而去听低俗音乐，就会对人产生伤害。如果研究的核心就是为了探讨莫扎特音乐和低俗音乐的差异，可以专门招募一批本来听低俗音乐的人开展实验，让其中一部分人继续听低俗音乐，而另一部分人听莫扎特音乐。

不能给实验对象带来直接伤害，有两条刚性要求。一是涉及儿童的，二是进入身体的，如食品、药品、注射等。在这两种情况下，实验对象必须有完全的知情权，在实验前需要获得实验对象书面签署的同意书。对于这两类不能有伤害的要求也会更严格，因为一旦有伤害，可能伤害就很大。

第二，避免给社会带来可能的伤害。这个要求在实际操作过程中是比较微妙的。Bertrand 等（2007）在探讨印度的经济激励和免费培训是否能加速驾驶证申请的研究中，有一项干预措施是，如果申请者能够在给定的时间内获得驾驶证，就能够从研究人员那里获得一笔不菲的奖金。Bertrand 等（2007）发现，因为印度存在很多腐败现象，用钱可以买到驾驶证，在经济激励的诱导下，激励组的一些实验对象通过购买驾驶证去获得奖金。但是，这些购买了驾驶证的驾驶员，有一些是不合格的，如果他们开车上路的话，可能就会撞到他人，对社会造成伤害。为了避免对社会带来可能的伤害，在实验完成之后，激励组里那些购买的驾驶证要被实验人员收回。

第三，不可以欺骗。在这一点上，不同的学科是有分歧的。心理学不介意欺骗，但是经济学强烈反对欺骗。经济学的实验常常考察人们在面对现实激励时的反应，如果实验对象不把激励干预当真，就不能考察他们真实的反应。这一原则最初从实验室实验中产生，因为实验室实验试图从抽象的游戏中洞察现实行为，只有实验被试者把激励当真并由此做出反应，实验室实验才能够探讨真实的反应。Jamison 等（2008）从公共物品的角度在实验室实验里探讨欺骗的影响，发现被欺骗过的被试者和其他被试者在后续实验中有着截然不同的行为反应。实地实验探讨现实干预的影响，大多数情况下并不需要欺骗。但是如果有欺骗，就会损害公共物品，引起被试者对研究人员的不满，导致未来的实验研究难以开展。在实地实验中，审计实验法在很多情况下不可避免地包含欺骗的成分，对其在真实性上的要求有例外规定（第 6 章专门介绍审计实验法，将有更详细的阐述）。

第四，实验对象可以随时退出，不可以被强制。这条法则也是从实验室实验派生出来的。不管事前对实验过程和结果有多么详细的介绍，也不管实验对象是否签署了同意书，实验对象是可以选择退出的，不受强制。这条规则是为了保护实验对象，在实验对象受到伤害或者感到不适的时候，有退出的权利。例如，麦兜妈妈在其感到不适的时候，如果选择退出，麦兜很可能就不会那么呆憨。有些研究人员会担心：这样是不是会导致样本流失，给实验研究造成很大不便呢？不可否认，实验对象太自由地退出会对实验造成负面影响，但是规则四的重要性在于倒逼规则一。因为实验对象可能会要求退出，所以必须好好琢磨干预措施，避免其让人感到不适。此外，还可以采用一些把实验对象留在实验里的方法，减少退出的可能性。著名的米尔格兰姆实验让实验对象以为通过电击惩罚了另外一个人，这给实验对象造成了心理上的极大不适，因此在伦理上受到许多科学家的谴责。其实，实验是有退出机制的，在四次要求终止实验后，如果实验被试者坚持终止实验，是可以终止实验的，然而很多人坚持完成了实验。所以说，退出选项对实验安排并不会那么致命。当然，在现在的实验里不可以使用当时那么强烈的劝说，在有同意书的实验里，必须主动说明实验被试是可以随时退出的。但是实验人员可以诚恳挽留，也可以运用经济激励，把参与实验的回报以完成整个实验为条件放到最后发放，以减少实验样本的流失。

美国很多大学都有一个叫作内部审查委员会（Internal Review Board，IRB）的机构，专门对涉及人类的数据收集和实验等科研活动进行道德审查。这是事前审查，在开展实验或者数据收集之前，研究人员需要向 IRB 提交申请，介绍实验方案、所涉及的被研究群体、实验干预的具体内容及可能产生的影响等。国内很多高校里当前并没有针对社会科学研究的 IRB，因而更需要研究人员自律。

关于实验伦理问题对科学实验的影响，是学术界和社会长期争论的话题。执行严格的伦理标准，有利于避免一些劣质的、伤害性实验的发生，但同时也会扼制类似于米尔格兰姆实验的重大发现。笔者的建议是特事特议。在美国大学的校级 IRB 的基础上，成立高校联盟 IRB。如果研究人员论证研究的意义远远超过可能带来的伤害，而且对研究对象能够提供足够补偿的话，在校级 IRB 认可的情况下，可以提交高校联盟 IRB 进行讨论。

对于不能给实验对象带来直接伤害，社会上的理解可能有一些误区。伤害，是指和现有状况做对比，而不是和未来可能状况或者最优状况做对比。在麦兜的故事中，如果麦兜妈妈不参加那个实验计划，她是不会选择去听低俗音乐的，但是因为那个实验计划，她比如果不参加的状态下听了更多的低俗音乐，所以我们说那个实验计划伤害了麦兜妈妈。如果专门招募本来就听低俗音乐的人，让其中一部分人继续听低俗音乐，这算不算伤害？不算，因为和他们的现状比，并没有变得更差。难道不应该告知他们不要听低俗音乐吗？虽然研究假设高雅音乐有利于胎儿，而低俗音乐对胎儿有害，但在研究完成之前，结论还是未知的。即使是结论明确的其他坏习惯，研究人员也并没有义务去提醒被试者，而且至少在实验结束之前不应该去提醒被试者进行改变。因为他们本身代表了社会中的那一类群体，如果改变了部分特征，他们作为样本就不再具有代表性。在实验结束之后，应不应该告知他们改掉坏习惯呢？这不是义务，但笔者认为，在不影响科学性的条件下，让他人生活得更美好是一件让自我愉悦的事情。

在很多关于扶贫、教育、健康的实验研究中，常常是政府或者 NGO 拿出一定的资源投向欠发达地区。通常资源是给定的，如果不做实验研究，可能资源会给向 A 地区的所有人，但为了做对比实验，资源会给向 A 地区一半的人和 B 地区一半的人，A 地区另外的一半人会潜在地因为实验而没有获得资源。这算不算是对 A 地区另外一半没有获得资源的人的伤害呢？不算，因为那些资源是潜在的，而不是现实的。是否产生伤害，是和现有状况对比的。

还有一些实验，涉及群体内部资源的重新配置。如果因为随机实验，把资源从个体 C 转移到个体 D，这对 C 算不算伤害呢？这得取决于该资源本身是否属于 C。例如，Lu 和 Anderson（2015）通过随机安排教室的座位探讨同群效应对学习成绩的影响，如果学生 C 本来和一位成绩好、性格好、乐于助人的学生是同桌，因为随机安排座位，C 的同桌变成了一位调皮捣蛋、满口脏话的学生。客观上，C 的状态是变差了，但是本来的好同桌并不属于 C，故实验并没有伤害 C。但是如果那位好同桌是通过付费或者其他方式法定授予给 C 的，然后因为随机实验被改变，在这种情况下，实验就伤害了 C。

前文提到为了避免给社会带来可能的伤害，Bertrand 等（2007）收回了驾驶不合格，但是因为实验的经济激励而购买的那部分驾驶证。为了收回那些驾驶证，研究人员必须给实验对象一些经济补偿。这个举措消除了因为实验激励而直接诱导的购买驾驶证行为。但如果那些人拿着经济补偿又去购买一个驾驶证呢？这种行为就与拿着扶贫经济补偿去购买大刀伤害人属于一种性质，跟实验无关。从社会福利的角度，当然最好能够告诫那些不合格的驾驶员不要再去花钱买驾驶证。

4　实验数据的分析策略

4.1　基 本 方 法

一旦实验按照预想开展，随机实地实验相关的数据分析将会是非常简单的。因为干预措施是随机安排的，最简单的操作是做一个 t 检验对比两组的均值；换成回归的方法，就是做一个如下的回归：T_i 是 0/1 变量，表示是否有干预措施，β 是干预组和控制组的平均差异。这在样本量的章节做过相关讨论。

$$Y_i = \alpha + \beta T_i + \varepsilon_i \tag{4.1}$$

通常，我们会用更加复杂一些的回归作为主要分析结果。主要原因有以下几个方面。首先，如果有其他的背景变量 X，这些变量可能对 Y 有影响，因而能够解释一部分 Y 的变化，降低 ε_i 的方差，从而降低 β 的方差。其次，如果使用分层随机，并且干预比例在各个子群体存在差异，必须控制子群体变量 S。这和前文检验分组随机性时必须控制 S 是同样的逻辑：随机性只存在于子群体内部，跨群体可能是没有随机性的。最后，如果随机干预在群体层面上进行，需使用聚类方差。通常我们会使用方程 4.1 进行回归。

$$Y_{ij} = \alpha + \beta T_{ij} + X_{ij} + S_{ij} + \varepsilon_{ij} \tag{4.2}$$

只要随机分组通过随机性检验，加入 X_{ij} 应该不会改变 β 系数的大小，但是有可能会降低 β 的方差。能够多大程度上降低 β 的方差，取决于 X 对 Y 的影响力度。影响大的变量，通常是上一期的 Y 对下一期 Y 的影响，如上一期学生成绩对下一期学生成绩的影响，上一期家庭收入对下一期家庭收入的影响；还有那种通常人们都认为有强影响的变量，如收入对消费的影响等。通常而言，随机实地实验的结果会首先报告一个不控制 X 的结果，其次报告控制 X 的结果。其作用是展示 β 系数的大小的确没有变化，但是方差可以变小或者没有变化。

回归中控制子群体变量 S，可以改变 β 系数的大小，而且只要子群体间特征差异较大并且干预比例在各个子群体存在差异，就必须控制 S。

对于 ε_{ij} 的方差，如果数据本来就具有个体–群体的结构，建议采用聚类方差。如果干预是在群体层面上随机安排的，必须采用聚类方差，聚类方差一般会远大于不聚类方差。如果干预是在个体层面上随机安排的，是否聚类取决于群体内部相互联系有多大；如果分层随机的子群体和聚类的子群体相同，聚类方差常常会小于不聚类方差。

对于一个实施顺利的实验，在基本分析之外通常不需要其他更多的稳健性检验。接下来就可以探讨异质性影响，即对不同群体是否有不一样的影响，以及影响机制，即通过何种机制发挥影响。

4.2 不完全服从问题

所谓不完全服从，是指实验中有些预先安排为 $T_i = 1$ 的实验对象，在现实中为 0，或者那些安排为 $T_i = 0$ 的实验对象，在现实中变成了 1。换句话说，实验对象的实际状态不完全符合实验设计安排给它的状态。

不完全服从在现实操作中经常发生。例如，考察补课老师对学生成绩的影响，具体做法是把各种学校随机分成两组，干预组的学校获得一位额外的补课老师。假设雇用好、培训好的老师，虽然他们事先都承诺不管什么学校，他们都愿意去工作，但他们被具体分配到各个学校时，那些被分配到偏远地区的老师可能就会有这个或者那个原因不愿意去。基于实验道德伦理准则，在这种情况下，实验人员是不能强迫这些老师的，但一时又难以找到合格的替代者，那些偏远地区的学校，本来是安排为 1 的，不得不变成 0。又如，探讨农村医保对农民的健康和医疗费用支出的影响，假如在随机分组和实验干预都已经完成之后，一个商业医保公司在实验区域推广医保业务，那些富有的或者对医保很有需求的控制组家庭会去购买医保，实验人员显然在道德上不可以、事实上也不能阻拦那些家庭去购买商业医保。那么，那些控制组家庭就从 0 变成 1。

对于不完全服从的处理，最忌讳的是将不服从样本扔掉，这将动摇随机性的根本。以补课老师项目为例（表 4.1），假设所有偏远学校都没有老师愿意去补课，如果把不服从的样本扔掉，将干预组和控制组对比，其实际就是将 $Y3$（有补课老师的近学校里的学生平均成绩）和 $Y1$（没有补课老师的近学校里的学生平均成绩）及 $Y2$（没有补课老师的偏远学校里的学生平均成绩）的加权平均做对比，但是二者显然是不能对比的。能怎么办呢？

表 4.1　补课的实验安排

情况分类	控制组		干预组	
学校	近学校	偏远学校	近学校	偏远学校
老师	没补课老师	没老师	有老师	应该有但老师没去
学生成绩	*Y*1	*Y*2	*Y*3	*Y*4

依据服从的程度，有些不完全服从的情况是可以补救的，而有些是不可以补救的。一般情况下，补救方法有两种。

（1）一种是工具变量方法。假设安排的干预变量是 *Z*，实际发生的干预变量是 *T*。因为 *T* 为 1 或者 0 是现实选择的结果，可能和研究对象的很多内在特性相关，所以这时候如果直接用变量 *T* 做回归，得到的结果很可能是有偏估计。但是 *Z* 可以用作 *T* 的工具变量。合适的工具变量有两个要求。一是排他性约束，即工具变量不能和影响 *Y* 但又不在回归中的其他变量具有相关性。安排的干预变量 *Z* 符合这个条件，因为它是随机生成的，除了可能和 *T* 相关，和其他都不相关。二是相关性约束，即工具变量要和内生自变量有相关性。尽管在观测性数据的研究中，常常是相关性约束易得，排他性约束难论证，但是在随机干预数据里，相关性约束要求实验做得不能太烂。如果在实验实施过程中，好多样本本该为 1 做成为 0、本该为 0 做成了 1，实验实施得太糟糕，*Z* 和 *T* 之间就没有相关性了。如果 *Z* 满足工具变量的两个条件，不完全服从的问题就可以通过两阶段最小二乘（two-stage least squares，2TLS）法来补救。当然，这个补救也是有成本的，*Z* 和 *T* 之间的相关性越小，*T* 的方差就会越大，就有可能出现即使干预措施比较有效也得不到显著性的情况。

由于工具变量方法所带来的方差增大，这倒推出对实验设计的三点启示。

首先，在选择样本量的时候，要放大样本量，给不完全服从留有余地。大致上，在干预组和控制组各一半的情况下，90%的执行率产生 *T* 对 *Z* 回归的拟合优度 R^2 等于 0.67，因而导致 β_{2LSL} 的方差是原先设计的 1.5 倍，样本量 *N* 也应是原来的 1.5 倍。

其次，在干预措施的设计和实施上，要尽量考虑可能存在的不服从问题，多做准备。例如，补课老师的例子中，如果多准备一些老师，或者招聘老师的时候多考虑一下地域来源，或者给予足够多的经济激励使得去偏远学校有吸引力。又如，Anderson 和 Lu（2016）考察班干部经历对学生成长的影响，考虑到通常班主任会在一个学期中对班干部进行动态调整，而实验要求最好整个学期都不要调整班干部，因而，研究人员一方面劝导班主任尽量不要调整，另一方面设计一个可供遵照的策略，如果必须调整，就按照策略调整，以减少调整对实验的负面影响。此外，还要在实验实施的各环节，设置检验核查的手段，减少操作过程中人为的不服从问题，如笔者曾经听闻有扶贫类的项目要随机分配某种营养品，却被经办人揣回了自己家。

最后，在实验数据的收集上，要尽量收集真实的干预变量 T。收集真实的干预变量，不仅是做工具变量回归的必要元素，还是发现问题的重要依据。关于后者，实验结果得不出显著影响，一种可能是干预措施本来就没有影响，另一种可能是干预措施没有真正实施下去。如果是干预措施本来就没有影响，而且不属于那种理论上认为应该具有重要影响的因素，大概率上就没有必要再进行尝试了。如果是因为没有真正实施而被发现没有影响，那么可以考虑调整实验实施再做一次。Lu 和 Anderson（2015）、Anderson 和 Lu（2016）都是第二次安排实验的产物。在第一次实验中虽然没有系统地收集真实的座位安排和班干部安排变量，但实验人员收集了学生的电话号码进行了电话抽查，发现实际安排和随机安排差别很大，因而决定再重新做一轮实验。

（2）另一种补救方法是进行子群体分析。在那个补课老师的例子里，如果不服从问题比较集中地发生在某一个事前可预测的群体（偏远学校）中，可以在干预组和控制组同时删掉那些样本（偏远学校），在剩下的子群体（邻近学校）里进行分析。需要强调的是，在干预组和控制组同时删掉偏远学校样本，这和之前扔掉不服从样本是有截然区别的。因为控制组没有不服从样本，在之前的做法里，控制组里没有样本会被扔掉，导致控制组的所有样本和干预组的邻近学校样本做对比，因而不具有可比性。而同时删掉偏远学校样本，对比的是控制组的邻近学校和干预组的邻近学校做对比，二者是可比的。在对子群体进行分析时，对其结果的解释要明确地界定在子群体范围内。例如，β 系数应解释为增加一个补课老师在邻近学校里的效果。

进行子群体分析有两个要求。其一是不服从问题比较集中在某类群体中，扔掉那些不服从样本还能剩下样本。其二是剩下的样本具有足够大的样本量，否则难以得出有意义的结论。和进行工具变量方法类似，这一要求也倒逼在实验设计时需要额外扩大样本量。

进行子群体分析就需要识别子群体。一种做法是事后通过背景特征识别。例如，通过与中心城市的距离识别偏远城市，将距离大于某个指标的学校都设为偏远学校，无论该样本是否存在不服从问题。因为事前学校是随机分组的，通过背景变量识别出的偏远学校在干预组和控制组的比例也应该是大致相同的。基于背景变量，事后识别还是有“马后炮”、样本选择之嫌。另一种做法是通过分层随机识别。在做分层随机分组的时候，因为随机是在每个子群体内部进行，删掉某个子群体，不会影响其他子群体的随机性。因此，如果不服从问题在某个子群体中特别突出，就可以把那个子群体从分析中删掉。例如，在随机分组时，分层随机分组的依据是学校所属的乡镇，如果某几个偏远乡镇的不服从问题突出，可以把那几个乡镇从分析中删掉。分层随机分组在某种程度上，类似于大厦里的防火墙，能够把问题隔开。

4.3 样本损耗问题

样本损耗问题，是指在随机干预开始之后，实验样本联系不上或者不再适合作为实验样本。这种情况并不少见。例如，在补课老师的例子中，学生的成绩是衡量补课老师作用的重要指标。但是，如果学生转学到外地联系不上，或者学生即使在当地能联系得上，但是辍学了，也不再适合测其学习成绩。这样的学生就构成了样本损耗。样本损耗不仅在实验中存在，在任何具有追踪性质的研究中都有可能存在。例如，在追踪调查中，后期追踪不到基期调查过的样本。

样本损耗对实验研究主要有两方面的影响：减少样本量和可能产生样本的选择性。应对样本量减少，要求实验设计时在最小样本量的基础上适当加大实际的样本量。如果样本量本身足够大，样本量减少对实验不会造成实质影响。样本量的问题并不困难，但是如果产生样本的选择性，就将动摇随机性的根本，这是更大的问题。

样本损耗是否产生了样本的选择性，可以通过两类实证检验来推断。首先，如果样本损耗和干预措施无关，那么控制组和干预组样本损耗的比率应该是大致相同的；如果二者损耗的比率差异较大，就会引发质疑。这是最初步的检验。其次，即使损耗比率是相同的，还得进一步检测被损耗样本在干预组和控制组的特征是否相似。例如，考察学生成绩，或许可能出现补课学校的好学生更有可能转学到区域外的好学校，不补课学校的差学生更容易辍学。检测损耗样本的特征是否相似，一种方法是以是否损耗为结果变量，检测背景变量在干预组和控制组的影响是否相同；另一种方法类似于检测随机性，将保留样本的背景变量作为结果变量，检测干预组和控制组是否相似。检验损耗率及被损耗样本的特征，二者互为补充。

如果样本损耗不具有样本选择性，可以直接拿剩余样本做分析。但是，如果样本损耗具有一定的样本选择性，就不得不补足数据。补足数据的方法在统计学里有很多，分为参数方法和非参数方法。参数方法可以参见 Hausman 和 Wise（1979）、Heckman（1979）、Grasdal（2001）。因为实验主导性地使用非参数的方法，我们介绍基于 Manski（1989）和 Lee（2002）的 Manski-Lee 边界方法。其基本理念是，如果干预措施预期有正向影响，那么干预组被损耗样本的结果变量所能取的最小值应该比控制组的最小值大，因而如果用后者去赋值前者，会使得估计出来的干预效果比实际效果小，是实际效果的下限。同理，控制组被损耗样本要用干预组的最大值去赋值，这样估计出来的干预效果也是实际效果的下限。如果估计的干预效果显著不为零，就说明实际的干预效果更加显著；如果估计值与零没有显著差异，就可能是实际效果为零，也可是只是其某个尺度的下限为零。事实上，上述做法很容易导致估计值和零没有显著差异。如果是分层随机分组的话，最大值和最小值可以取同一子群体内的最大值和最小值，这有利于提高估计下限值，使之更接近实际效果。

此外，应尽可能地在实地了解样本损耗的原因。在不存在选择性损耗的情况下，为没有选择性提供更多的描述性依据；如果存在选择性损耗，也有利于为更好地处理数据提供信息。在分层随机并且样本损耗具有样本选择性的情况下，如果样本损耗比较集中在某些子群体，我们也可以把这些子群体从样本中排除，在进行结果解释的时候一定要把适用范围局限在留存样本中。

当然，事后补救远不及事前防范。在实验设计的时候，就得考虑样本损耗的可能性。例如，在对学生的研究中，询问家长的电话号码，一旦学生转校还可以联系到家长；在对农村家庭的研究中，事先记录该家庭亲戚的联系方式，一旦家庭迁移还可以通过其亲戚联系到该家庭。

4.4　多重假设检验问题

任何假设检验，都有一个显著性水平问题，即当虚拟假设正确时，允许在多大的概率上判断其错误。例如，在 5%水平显著性，其含义是存在 5%的概率、干预效果其实为零但我们判断其不为零。所谓多重假设检验问题，是指如果同时做很多个独立的检验，即使所有的干预效果都为零，也很可能出现若干检验结论显著不为零的结果。

多重假设检验问题是一个长期存在的问题，但是其严重性在近期因一个“黑巧克力能减肥”的事例凸显出来。John Bohannon 是一位德国记者，同时也是一名纪录片导演。他全盘策划了“黑巧克力能减肥”的科研项目，目的在于测试媒体记者是否关心科学研究过程的严谨性和真实度。事实证明，这一并不严谨的研究结论被各大媒体争相报道。当然，我们关注的重点是为什么看起来科学的论文其实可能并不科学。

关于实验的介绍来自英国那些事儿（2016）。John Bohannon 和他的合作者用 Facebook 发出招募信息，要找一些愿意参加一个为期三周的志愿活动，参与的奖金是 150 欧元。在招募广告上，他们表示这是一个关于饮食研究的纪录片。很快，他们招到 16 个志愿者（5 男 11 女），年龄从 19~67 岁（后来有 1 个志愿者退出，样本为 15 个志愿者）。实验很简单，把实验对象随机分成三组：低糖减肥组、低糖加巧克力减肥组和对比控制组。前两组被要求尽可能多吃低糖分的食物，对比控制组则被要求保持现有的饮食。在实验中，他们选用了黑巧克力，因为他们觉得用黑巧克力做研究更能让人相信：黑巧克力苦，吃点苦的东西能减肥……他们要求第二组的组员每天吃 1.5 盎司（大概 40 多克）的黑巧克力。

21 天之后，他们发现，对比控制组的志愿者平均增重 0.7%，而低糖减肥组和低糖加巧克力减肥组的志愿者全都平均减重超过 2.5 千克！而且低糖加巧克力减肥组减重的速度比单纯的低糖减肥组速度快 10%！不但体重减了，低糖加巧克力减肥组的胆固醇还降低了，而且整个实验的结果在统计学上有显著性差异（$P<0.05$）。如图 4.1 所示。

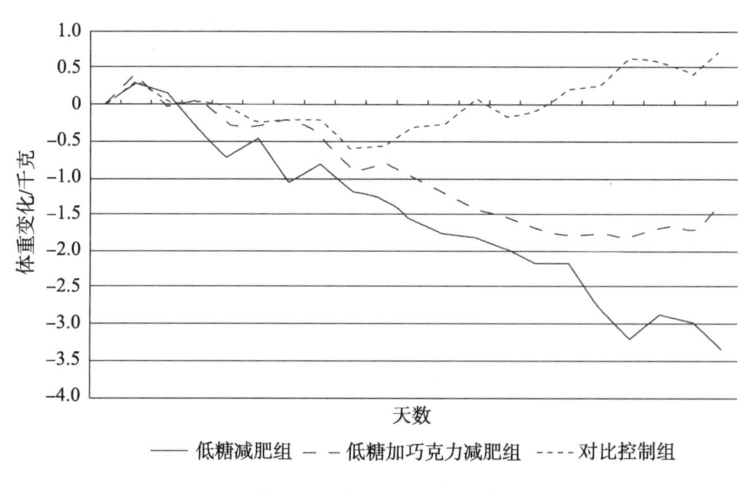

图 4.1 减肥实验的效果

但是问题出在哪里呢？志愿者一共 15 人，分三组，每组 5 人。小样本一方面不容易使结果出现统计上的显著性，另一方面也可能胡乱地出现显著性，因为只要有个别样本在某个指标上特别突出，就能够拉动整体均值，产生显著差异。更重要的是，每个人每天都要测量 18 个数据——体重、胆固醇、血压、血钠含量、蛋白质水平、睡眠质量、幸福感等，这么多的数据在这么小的样本范围里任一比对，总能得到研究人员想要的趋势的组合。于是在这群人中，刚好在这 21 天中研究人员发现巧克力减肥组表现最好，且刚好是体重。如果刚好是别的数据的话，那么最后的新闻标题可能就成为“研究表明巧克力可以提高睡眠质量”或者“研究表明巧克力可以降低血压”等。这正是多重假设检验问题，就好比抽奖，抽的次数足够多后，总有可能会中奖。

如果结果变量 Y 很多，或者干预变量 X 很多，或者 X 和 Y 的组合很多，都可能产生多重假设检验问题。其问题就出现在显著性水平和检验数量这两个方面。检验数量可能是内生的，因为得不出显著性，所以进行更多的检验，寄希望于“好运”发生。因而经济学家倡导很多实验使用实验前注册，在注册内容里预先拟定好如何进行数据分析，减少“马后炮”地进行更多检验的可能性。美国经济学会于 2018 年 1 月开始要求向其旗下所有期刊投稿的随机实验研究要进行注册，注册网址是 https://egap.org/content/how-to-register。当前并没有强制实验前注册，但预测会逐渐要求。

要解决多重假设检验问题，需要从显著性水平上着手。解决的方法很多，但都提出更严格的 p 值。几种实用方法如下。

一是 Bonferroni 修正。这个方法比较简单粗暴，当然也非常苛刻。如果同时检验 10 个假设，那么在 5%水平上显著要求 p 值小于 0.005，即显著性水平除以待检验假设的个数。

二是族群错误率（family-wise error rate，FWER）修正。FWER 是指错误地拒绝任何一个正确假设的概率。假设个数越多，错误拒绝的概率就越大，FWER 也就越大。List 等（2016）对此有比较详细复杂的论述，并且提供了方法。

三是错误发现率（false discovery rate，FDR）修正。FDR 是指错误地拒绝真实假设的预期比例。假设 V 是错误拒绝的数量，U 是正确的拒绝数量，$t=V+U$ 作为拒绝的总数。用 FDR 修正的具体做法是：有 M 个假设，按照其 p 值进行排序，$p_1<p_2<\cdots<p_M$，p 值越小越靠前。假设 q 是显著性水平，c 是最大的排列序号 r 使得 $p_r<q\cdot r/M$，则在 q 的显著性水平上拒绝 $H_1\cdots Hc$。这个方法是 Benjamini 和 Hochberg（1995）提出的。美国加州伯克利农业和资源经济学系的 Michael Anderson 在其主页提供了很方便的 Stata do file 去做 FDR 修正。

有些读者可能要问，那些使用公开数据的研究，如 CGSS（Chinese general social survey，中国综合社会调查）、CFPS、CHNS（China health and nutrition survey，中国健康与营养调查）等，各个研究人员用不一样的 X 和不一样的 Y 去检测二者之间的因果关系，这里是不是也存在多重假设检验问题呢？质疑正确，但如何解决，笔者也不太清楚。实验具有很强的计划性，而且收集的数据具有针对性，因此可以对实验做具体要求。

5 有关实验不足的讨论及解决

5.1 霍 桑 效 应

霍桑效应，最初来源于20世纪二三十年代在美国西部电器公司霍桑工厂所做的实验，实验本来要研究外部环境条件（如照明强度、湿度）对工人生产率的影响，但不管怎么调整外部环境，工人的生产率都会上升（Saretsky，1972）。进一步探讨发现，是实验事件本身（如教授和蔼可亲地交流）而不是实验设计中的照明强度或者湿度促进了生产率。霍桑效应主要强调干预组的成员因为知晓被研究而做出行为上的反应。与此相对应，约翰亨利效应是指控制组成员因为知道被对比而做出行为上的反应。约翰·亨利是19世纪70年代美国钢铁工人的楷模，当得知管理方在对比机器作业和人工作业时，他为了不被对比下去更加卖力工作。

此外，在前面章节介绍过的Zwane等（2011）的结论表明，是否进行问卷及问卷的频次可能改变行为，从而改变对干预效果的评估；当然，是否会影响取决于具体情境。

广义的霍桑效应包括约翰亨利效应，是指实验内容之外的实验方法、手段、过程等对实验样本产生的行为上的影响，其危害是误导对实验结果的解释。应对的方法主要有两种。一种方法是尽量减少产生霍桑效应的可能性。考察基期问卷的必要性，如果容易引起霍桑效应，采用更适合的方式，或者不做基期问卷。控制信息，不让实验对象知道有实验干预发生，这一点，其实也是John List的术语中强调的自然随机实地实验和框架随机实地实验的区别。另一种方法是设定干预措施去捕捉可能的霍桑效应。例如，在Lu等（2016）关于交警给司机发送手机短信影响司机驾驶行为的研究中，由于收到来自交警的短信本身就可能影响司机的行为，为了更好地区分收到短信这一事件和短信内容的影响，研究者增加了一个干预组，其短信内容是警察提醒安全驾驶，但不包含任何实质信息。实验结果表明，提醒安全驾驶并不能影响司机的行为，因而排除了可能的霍桑效应解释。但如果提醒安全驾驶能够改变行为，在探讨具体信息对行为的影响时，需要在干预效果中将提醒的作用差分掉。

5.2 局部均衡和一般均衡的问题

局部均衡是指在其他条件不改变的情况，干预措施对结果的影响；一般均衡是指考虑到干预措施可能带来其他条件的改变，从而产生的对结果的综合影响。例如，Angrist 等（2002）探讨哥伦比亚学费优惠项目的影响，在参加摇号的学生中，对比摇中获得学费优惠的学生和没有摇中的学生在未来求学和收入上的区别，这就是典型的局部均衡效应。而从一般均衡的视角看，还需要考虑以下情形：优惠项目有一定的门槛，因而会激励学生为了获得优惠而更加努力学习；优惠项目资助学生去私立学校上学，把好学生从公立学校吸引走，使得公立学校的学习氛围变差；等等。

实地实验在探讨局部均衡效应上具有优势，但在捕捉一般均衡效应问题上有些力不从心。实地实验通常是小规模实验，捕捉的往往是局部均衡效应。关于一般均衡的问题，并非实验所特有，很多实证分析都存在类似问题。例如，探讨医保对健康的影响，很多实证研究在同一个地区对比有医保的家庭和没有医保的家庭，Finkelstein（2007）指出，当一个地区有医保的家庭比例增多，医生会增加设备等投入，也会影响没有医保的家庭。因而，在地区层面上做对比，才能够体现出一般均衡效应。

能否探讨一般均衡效应，主要取决于实验措施的干预范围和结果变量的观测范围。Crépon 等（2013）探讨就业帮扶对就业的影响，为我们提供了一个探讨一般均衡的实验范例。其干预措施在两个层次上进行随机安排：在不同城市，获得就业帮扶的人数比例有 0、25%、50%、75%和 100%之分；在同一个城市，不同求职者被随机地分配到获得帮扶组和没有帮扶组。该研究不仅检测获得就业帮扶对求职者个人的影响，还检测一个地区获得就业帮扶的比例对当地就业市场的影响，发现就业帮扶的社会净效益为零。

5.3 实验结果的外推

人们希望随机实地实验发挥四两拨千斤的示范作用，通过一定范围的实验研究获得对社会普遍有效的结论。结果外推是对随机实地实验的重要要求。就实验的背景、人群和事件而言，随机实地实验比其他实验更具现实性和可推广性。从干预措施的现实可操作性看，随机实地实验研究要强于大多基于观测性数据的研究。但是鞭打快牛，做得越好要求越高，对于随机实地实验结果的外推，通常会从以下三个方面进行考察。

第一，从实验人群向社会大众的外推问题。这个问题通常发生在框架随机实地实验中，自然随机实地实验一般不会存在这个问题。在框架实地实验中，常常需要实验被试者签署同意书。例如，麦兜妈妈参加的“莫扎特胎教实验计划”，是需要实验被试者事前签字同意的。愿意参加这个实验的准妈妈，很可能比其他准妈妈更关心胎教，因而对这个实验感兴趣，当然也有可能更不在乎胎教，因此不介意进入控制组。如果实验在这些人身上的效果和在其他人身上不一样，就会产生从实验人群向社会大众的外推问题。应对这一潜在问题，一个解决方法是调整实验设计、减少样本的选择性，如麦兜妈妈的实验，如果要求准妈妈到某个指定地点参加实验，其选择性可能会强于到准妈妈家提供上门服务；另一个解决方法是记录可能影响样本选择性的变量，探讨实验人群在这个变量上的差异是否会影响实验结果，从而给实验结果的外推提供判断。

第二，从一个人群到另一个人群的外推问题。这个问题主要是指经济水平、社会文化等因素差异导致同样的干预措施在不同地方的效果不同。发展经济学上最典型的案例是格莱珉银行（Grameen Bank）。格莱珉银行是农村小微金融的一种形式，其运作机制严重依赖社会文化中的相互担保及对未来借贷的诉求促进还款，其在孟加拉国取得了很大成功。但是在移植到中国的时候，就运转不下去了，据说一是因为中国的农村不像孟加拉国那么落后，有一些其他借款渠道；二是因为老百姓以为是政府的钱，觉得能拿到政府的钱不还是“本事”。从一个人群到另一个人群，这个外推问题，无论对于实验还是基于观测性数据的研究都是一样的，不可否认其存在。要想减小该外推问题，一般有两个思路：其一是采用更广泛、更具代表性的实验地点和实验人群，当然，这不可避免地会带来实验成本和操作难度的增大；其二，收集可能影响实验效果的背景变量，做差异性分析，增强实验结果解释的广度。

第三，从小规模实验向大规模政府政策的外推问题。在小规模实验中，实验人员有积极性注重各种政策和实施细节，并且以探讨事实真相为己任。公职人员在政策推广的时候，是在完成任务，表面上的事能做到，但多半不会注重细节，而且可能还会夹带一些个人利益考量。例如，Olken（2007）在印度尼西亚修路的实验中探讨审计的作用，实验中他自己聘用了审计人员，从而确保审计人员能够认真客观地审核；但在政策推广时，审计人员甚至可能会主动寻租。这个问题要求实验不能仅仅满足于做简单的项目评估，还要研究影响结果的核心机制。

6　一个特色实地实验方法：审计实验法

6.1　审计实验法的基本方法

审计实验法，是实地实验的一个特色方法，是指设计在其他方面都一样，但只在某一方面存在差异的两个个体，让这两个个体分别去和市场中真实存在的另一方市场主体进行互动，通过对比这两个个体获得的不同对待来考察另一方市场主体的行为。例如，想研究劳动力雇佣市场上基于种族的歧视，找两个各方面资质都很接近的求职者（或者是做两份质量相当的简历），但一个是白人，另一个是黑人，让他们去应聘职位，通过对比白人和黑人在获得工作或者面试机会上的不同来分析雇主的种族歧视。这两个资质相当的白人和黑人（或者他们的简历）被称为检测员（tester）。因为审计实验法主要考察市场中不受研究人员操控的另一方市场主体的行为，就好比审计人员考察与其没有隶属关系的会计人员的行为，这或许就是审计实验名称的由来。

审计实验法和一般实地实验的重要区别在于：一般实地实验通过差异对待考察直接被影响的个体本身，如补课对学生成绩的影响；而审计实验法总是发生在市场互动的双方，通过一方特征的变化进行考察。图 6.1 可以形象地描述审计实验法的核心思想。A1 和 A2 在 A 所指代的特征上完全同质，在 1 和 2 所指代的特征上存在差异，这个差异可以是自然差异，也可以是后天差异，考察的目标是 B 是否会因为 A 的差异而产生行为上的不同。

审计实验法在发展过程中出现了两种形式：书信形式和人物形式。书信形式指的是通过文书传递来实现市场双方的互动。例如，求职者通过投递个人简历与雇主互动。人物形式强调的是通过人和人之间面对面的互动进行实验。有些研究为了区分把人物形式称为审计实验法（audit study），将书信形式称为信件实验法（correspondence test）。这两种方法除了媒介不同，在研究理念上完全一样，都是通过调整检测员的特征来考察市场另一方可能做出的不同应对。因而，很多文章将这两种形式都归为审计实验法，本书也采取这一口径。

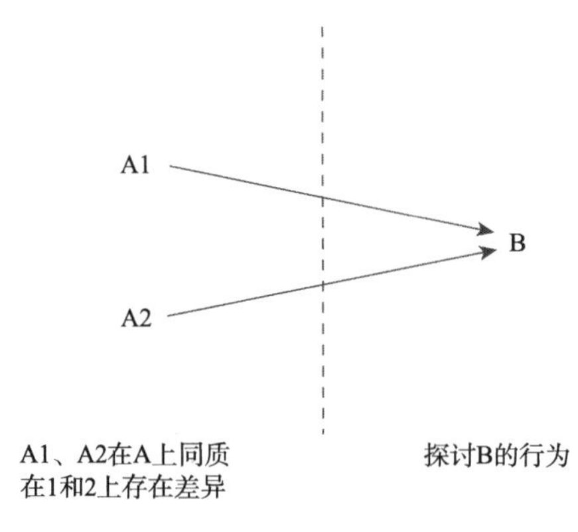

图 6.1 审计实验法

审计实验法的主体程序包括三个步骤：首先，设计出两个其他方面都相同但仅在某一方面存在差异的个体作为检测员。其次，让这两个检测员与实际存在的另一方市场主体进行互动，互动可以面对面进行或者通过文书进行。另一方主体在整个过程中是不知情的，不知道实验在进行，否则他们可能会改变行为。最后，收集互动的信息，分析这两个在某方面存在差异的个体是否受到差别对待。这三个步骤中，第一个步骤是审计实验法的核心环节。如果两个个体其他方面都相同，那么就可以排除其他可能要素的影响，把互动环节可能产生的差异归因于那个设定的差异。“仅在某一方面存在差异”是一个简单说法，有些时候，一个研究同时考察几个方面因素的影响，如种族和性别，那么就会在多个方面上设置差异。但是在观测任何一个因素的影响时，比较都是在其他因素相同的个体之间进行的，因此还是“其他方面都相同但仅在某一方面存在差异”的状态。在现实操作中，除了要求检测员“其他方面都相同但仅在某一方面存在差异”，还要求检测员要贴近现实，具有普遍性，因为研究往往希望揭示研究对象的一般行为。总而言之，对审计实验法来说，技术面包含三个最关键的要素：检测员的差异性（仅在某一方面存在差异）、同质性（其他方面都相同）和普遍性（贴近现实、代表一般水平），这三个方面存在着既相互促进又彼此制约的关系。

6.2 审计实验法的三个技术性特征

第一，关于差异性的设计。在审计实验中，检测员的差异性必须能够合情合理地表达出来。有时候，检测员的差异性表现为种族、性别等先天特征，而有时候，差异性表现在后天特征上。人物形式还是书信形式也会影响具体设计。

Bertrand 和 Mullainathan（2004）探讨美国就业市场种族歧视的研究，采用书信形式，通过发送白人和黑人的求职简历并对比不同简历收到的面试邀请，探讨就业市场上的种族歧视问题。如果是在中国，这个差异性设计将会简单得多，因为我们的求职简历上往往要求标注民族。但是在美国，求职简历上通常都不注明种族。因而，研究者必须设法在符合常规做法的情况下，彰显某个简历是白人的还是黑人的。他们采取的是用具有鲜明种族特色的名字来彰显求职者的种族特征。具体做法是，首先根据使用频率从出生记录数据里预选出一批较多用于白人的名字和较多用于黑人的名字；其次在街头做了一些访谈，测试这些名字的种族特色是否广为认可，剔除公众认可度低的名字。这样，当雇主看到简历时，如果他在乎种族特征，那么雇主基本上能准确地鉴别出求职者是白人还是黑人了。

同样采取书信形式，通过发送求职简历来研究就业市场，Kroft 等（2013）在差异性设计这个环节上却容易得多。因为他们关注的是失业时间长短对再就业的影响，而简历上是要求写工作经历的，最后一份工作结束日期到投递求职简历的日期基本上就代表着失业的时长。因而，研究人员只需调整最后一份工作的结束日期就可以设定出失业时长的差异。

在采用人物形式的研究中，如果研究关注诸如种族、性别等可见的要素，差异性的设计就非常容易。例如，Ayres 和 Siegelman（1995）研究种族和性别对于购车中讨价还价的影响，采用的是面对面的互动，因此，只要一见面，购车者是白人还是黑人，是男性还是女性，售车者便一目了然。因而，研究者在设计中不需要格外努力地去彰显种族和性别上的特征。

如果研究关注的要素并不直接可见，设计差异性则需要一些技巧。Schneider（2012）研究了声誉对汽修行业中代理人问题的影响。如果修车者居住在附近，那么他可能成为长期客户；当前提供质优价廉的服务有助于给修理工人带来长期收益。相对比，如果修车者即将搬家，这次修车之后他几乎不会再光顾，尽量从这一次性买卖中多赚些钱对修理工人来说更符合利益最大化。因此，修车者是否将居住当地直接影响修车工人对声誉的顾虑。研究者通过变化修车者是否将居住当地来设定声誉要素的强弱。在弱声誉下，修车者对修理工人说，他在两周之后将搬家到别处，并且在车子里放上很多强化他即将搬家的盒子和袋子；在强声誉下，修车者说他在两周之后将出去旅游。如果被询问家庭地址，研究者准备了两个地址，弱声誉下强调外地地址，强声誉下强调的是本地地址。

第二，关于同质性的设计。除了设定的具有差异性的方面之外，检测员的其他方面必须非常相似，否则就不能排除其他方面的差异对结果的解释。同质性的设计存在很多挑战，这是一个细节决定成败的环节。下文一方面讨论如何在显性要素上消除差异，另一方面还强调如何消除另一方市场主体可能推断出的差异性。

Bertrand 和 Mullainathan（2004）采用投简历的方法研究白人和黑人在就业市场上是否受到歧视。种族特征的载体是简历上的名字，因此，同一份简历配上不同的名字即可代表不同种族的求职者。同质性不代表两个求职者发送除名字外完全一样的简历，否则雇主会疑惑。为了实现同质性，可以随机把若干简历和姓名搭配起来，一个雇主收到来自白人和黑人的两份简历未必完全可比，但是雇主这个群体收到的来自白人和黑人的简历是一样的。当然，如果采用的若干简历模板质量相当，在同一个雇主那儿也具有可比性，效果会更好。大多数采用书信形式的研究都以随机搭配来获得同质性。

Bertrand 和 Mullainathan（2004）在注释部分提到，如果不用姓名来指示种族特征的话，另外一个策略是通过社会组织关系来提示种族特征。但正如其所指出的，社会组织关系可能不仅提示了种族特征，还提示了其他特征，雇主可能通过社会组织关系推断出社会参与的活跃度、政治主张的倾向性等，因此违背同质性的要求。

对于用人物形式考察非天生特征的研究，同一个检测员可以扮演几种不同角色（即承载若干具有差异性的特征），把检测员和不同角色随机搭配，有助于实现同质性的要求。例如，在 Schneider（2012）考察声誉（修车者未来是否会居住在附近从而可能成为长期客户）对修理建议的影响中，同一个检测员可以声称将要搬走或者住在本地，因而保持道具汽车的一致性和检测员着装和言行的一致性就可以实现同质性。审计实验法的典型设计要求两组人和车随机地扮演角色去同一个汽修店，但由于资源的局限，只有一辆车参与实验，研究者扮演修车者，两次出于同样原因去同一个汽修店会显得奇怪。因而，研究者对汽修店做了随机安排，即把有的汽修店随机安排了高声誉情境而有的则安排了低声誉情境。

如果采用人物形式来研究种族和性别等生理特征的影响，在同质性的设定上挑战会更大。例如，在 Ayres 和 Siegelman（1995）的研究中，种族和性别特征完全依附于个体，同一个购车者很难在某种场合扮演黑人男性，在另一场合冒充白人女性。同一个检测者自始至终都只能扮演一种角色，研究结论是在对比不同检测者的基础上做出的。但是，任何两个不同的个体都存在很多的差异。所谓的同质性也只能是不同种族和性别的购车者在一些重要方面能够比较好地匹配。研究人员在年龄、学历、相貌、穿着和出行工具方面进行匹配。不同种族性别的检测员光顾同一车店时间接近，保证营销等没有变化。同时，光顾同一家车店的先后顺序是随机安排的，这样即使售车者在实验的过程中发生变化，每一个种族性别受到的影响平均说来也是一样。

销售人员可能会从种族上推断黑人经济状况不佳等，而研究者希望考察基于种族本身而非因为种族背后可能的经济状况差异而带来的歧视。因此，在穿着、租车、职业和居住等方面的设定都一定程度地能够显示所有购车者具有相当的经济背景。为了更有效地传递购车者有足够的经济能力，所有购车者被要求在讨价还价之前向售车者表明他不需要贷款。

人物形式的实验涉及面对面的交流，保持交流过程的同质性非常重要。这就需要研究人员事先制定一个交流的脚本，囊括交流过程中既定的步骤、可能出现的各种问题及如何应答。检测员需要反复背诵、练习脚本，进行模拟实验，以实现同一检测员行为的可重复性及不同检测员行为之间的可比性。在 Schneider（2012）的研究里只有一个检测员，在实验过程中，该检测员只需保持行为上的前后一致就可以了。但是在 Ayres 和 Siegelman（1995）的研究中，检测员不仅要使自身行为保持一致，还要和其他检测员保持一致，同质性的任务也更艰巨。

第三，关于普遍性的设计。研究总是希望能够对社会生活的普遍现象做一些描述或说明，但实验类研究往往受资源的约束从而在样本选择上相对局限。为了使样本具有普遍性，一般有两种做法：一是使样本更接近社会平均状况；二是在某些维度上增加样本的种类以增加其代表性。

在通过投简历考察招聘市场的研究中，为了使简历真实而又具有代表性，研究人员往往从挂在求职网站上的简历入手炮制实验中的简历，这样可以和市场上一般求职者最为接近。此外，在地区选择、职业类型及简历质量上也尽量广泛。

在差异性的设计中，我们讨论过 Bertrand 和 Mullainathan（2004）通过选择典型性的名字来传递种族特征。这里还有一个问题，他们为什么不直接在简历上标注种族信息呢？这就涉及普遍性的问题。因为美国的求职简历中通常并不标明种族，一组标注了种族信息的简历考察出来的是雇主在非常规情境下的行为，研究结果解释上的普遍意义就会大大降低。此外，因为大多数求职者都不标注种族信息，雇主会反过来推测标注了种族信息的求职者是否有强烈的种族意识等。换句话说，在其他求职者都不标注种族信息的普遍情况下，标注种族信息不仅传递了种族信息，还可能传递出其他信息。因而，在这方面，遵从普遍性的原则有利于实现同质性。

为了较好地匹配白人和黑人的外部特征，Ayres 和 Siegelman（1995）对年龄和学历做了约束性的限制。同时，为了排除经常伴随种族特征的经济状况的差异，所有的检测员都透露出有钱人的气息。这些基于同质性所做出的限制显然约束了研究结果的普适性，但研究人员试图从其他方面来增强结果解释上的普遍意义。例如，挑选看起来中等长相的检测员，采用两套不同的讨价还价方式（对比主要还是在同一讨价还价方式下白人和黑人之间进行的）。

受制于一个学生所拥有的有限资源约束，Schneider（2012）在实验中只检修了一辆汽车，但在专业技术人员的帮助下，他设置了若干个常见的汽车问题，可以同时考察检修过度和检修不足的问题。

6.3 审计实验法的优势、不足及应对

作为随机实地实验的一员，审计实验法具有解决遗漏变量偏误的重要优势。想用传统的回归方法研究劳动市场的种族差异问题，一般程序是这样的：首先，收集一些观测数据，包括白人和黑人的性别、年龄、教育程度等背景及是否有工作的信息；其次，用一个多元回归，把是否有工作作为因变量回归到种族上，同时控制性别、年龄、教育程度等变量；最后，种族变量的系数被解释为歧视问题。很多影响录用的因素在回归中没有被控制，因而会导致遗漏变量偏误。此外，即使白人和黑人在被录用的潜质上相似，但如果黑人不积极找工作的话，雇用上的差异也不可以被解释为雇主方面的歧视问题。审计实验法的突出优势就是它在设计上强调“其他方面都相同但仅在某一方面存在差异”，排除了其他因素对录用差异的解释。通过呈现两个其他方面都相似的检测员，审计实验法可以直接考察市场另一方主体歧视的行为，而不是通过某些结果推断歧视。正是因为其突出优势，审计实验法被广泛地运用在商品交易、劳动雇佣和委托代理等多个领域的研究中，并取得了重要的研究成果。

但审计实验法在运用的过程中也会存在一些不足。对审计实验法的批判主要集中在 Heckman 和 Siegelman（1992）及 Heckman（1998）的研究中。之后运用审计实验法的研究对这些批判零星地做了一些应答，Pager（2007）在其综述文章中进行了比较集中的讨论。下面把批判和应对结合在一起探讨。

关于审计实验法的第一个批判是有效匹配的问题，即检测员有多个方面的特征，是否扮演不同角色的检测员在各个方面都匹配上了。审计实验法最大的优势就是在其他要素上实现同质性，因而可以把检测员获得的任何不同对待归因于研究想要考察的要素上。但如果在匹配上出了问题，研究的结论就不再可靠了。如果同一个检测员可以承担不同的角色，如在书信形式的研究中，以及在人物形式但是考察非自然属性的研究中，匹配问题并不突出，因为把检测员和所要研究的要素随机搭配起来就可以了。但对于用人物形式考察种族、性别等自然属性的研究而言，如在 Ayres 和 Siegelman（1995）的研究中，研究结论只能通过对比不同个体获得，但个体和个体之间存在太多的不同，匹配只能在有限的维度上进行。除了在可见因素上的匹配问题，匹配更深层次的问题是在那些隐性要素上——市场中的另一方主体可能会推测，如售车者可能会认为黑人支付能力不足。如果研究人员在设计实验的时候多方面考虑各种情况，尤其和若干潜在研究对象进行深度访谈，了解他们的思维，就有可能采用一些手段减少隐性要素上的差异性。

第二个批判是实验过程中有意或无意的行为差异。这个批判主要针对人物形式的研究，如果检测员了解研究目的，在实验中他们就可能有意或无意地在行为上有所不同，使得结果趋向预期。例如，如果黑人预期在市场交易中会被歧视，那么他在讨价还价时可能表现出不那么自信，从而影响结果。应对的办法大致有三种：一是不告知检测员研究目的；二是通过大量的模拟和练习降低行为上的差异；三是选取不易受检测员行为影响的观测结果作为研究对象，如施耐德的研究里，对汽车的检修建议很大程度上取决于车辆本身的问题。

第三个批判是夸大了问题的严重性。这个批判主要针对就业市场中歧视问题的研究，因为影响求职者资质的重要因素都匹配好了，雇主就不得不在次要因素上进行抉择；在现实中，雇主首先考虑资质等因素，种族、性别等要素的影响可能并不重要。对于这个批判的反驳主要是，大多数的研究考察招聘的早期决策，即是否邀请某求职者进行面试，这往往不是二选一的决定，雇主不需要在次要因素上进行抉择。其他运用审计实验法的研究中就更不存在这方面的问题。例如，白人买车或者黑人买车之间根本不存在竞争性。

第四个批判是研究的广度和深度具有局限。运用审计实验法需要一定的条件，也并非适用于所有的问题。例如，不通过求职市场发布的职位空缺则无法用实验研究，关于职位升迁中的歧视问题难以设计审计实验。需要看到，审计实验法考察的问题在日益扩展，从一开始集中研究歧视问题，扩展到研究声誉、医保身份、投资历史等。

第五个批判是道德问题。这里主要有三个方面的问题。一是审计实验法的研究过程中带有欺骗的成分，欺骗本身就是一个问题。设计的求职者并不真心想求职，购车者并不真心要买车，修车者没打算真正修车，求医者也并不真正看病。二是这些研究活动占用了市场另一方行为者的时间，却没有（足够地）补偿他们。三是研究的结果多半是揭露市场另一方行为者的不良行为，有可能会使后者的名誉受损。第一方面的问题难以作为，后两个方面的问题则可以尽量减少或避免，其原则是降低对个体的损害。例如，在投简历时，计算出必要的样本量；在样本量给定的情况下，分散简历，避免对某个公司造成过重的负担。研究结论只针对整体或者是某一类型的市场参与者，避免提及具体的公司或者个人。同时，避免个体数据的泄漏。

6.4　审计实验法在国际和国内的运用

审计实验法最初是从房地产市场的研究中发展出来的。英国社会学家 W.

Daniel 在其 1968 年出版的《英格兰的种族歧视》里开创了人物形式的审计实验法。美国住房和城市发展部大力推广该方法，探讨房地产市场上的种族歧视问题，产生了两个重要的政府报告（Hakken，1979；Wienk et al.，1979）。另外，Yinger（1986）发表文章证实，美国房地产市场存在种族歧视，并且指出这个歧视主要缘于经纪人顾虑白人顾客的种族偏见。此外，Ayres 和 Siegelman（1995）关于汽车交易市场上种族歧视问题的研究发表在《美国经济评论》上。List（2004）在运动卡交易市场中探讨种族歧视的原因，该研究发表在美国的《经济学季刊》上。

审计实验法在劳动市场中的运用可以追溯到 1970 年，Jowell 和 Prescott-Clarke（1970）开创了书信形式，并用它来研究英国就业市场的种族歧视问题。近来经常被引用的是 2004 年发表于《美国经济评论》的关于美国就业市场上种族歧视问题的研究（Bertrand and Mullainathan，2004）。该实验设计在前文着重介绍了，其研究结论指出，在 21 世纪初美国劳动市场上依然存在着严重的种族歧视。除了考察种族歧视，性别、年龄和残疾等方面的歧视也是审计实验法在劳动市场上的重要研究内容。例如，Riach 和 Rich（2006）探讨了英国的就业市场，指出在女性主导的职业上存在对男性的歧视，而在男性主导的职业上存在对女性的歧视。此外，个人简历中一些后天因素对求职的影响也可以通过审计实验法来考察。例如，美国的《经济学季刊》在 2013 年发表了一篇关于失业时间长短对再就业影响的文章（Kroft et al.，2013）。

近年来，审计实验法越来越多地被运用在对委托代理关系的研究上，这或许将是审计实验法运用的新兴领域。前文介绍的 Schneider（2012）的研究考察了声誉对汽车修理中代理人问题的影响。Mullainathan 等（2012）考察咨询对象的投资历史对投资顾问给出投资建议的影响，指出投资顾问倾向于增强咨询对象的投资偏误。

在国内，也有一些运用审计实验法探讨委托代理关系的研究。Currie 等（2013，2014）分别探讨患者的知识及患者给医生的小礼物对医生是否开抗生素处方，以及如果开处方，开的处方存在什么差异的影响。Lu（2014）研究医疗保险状态和经济激励对医生开处方行为的影响。此外，还有传统的探讨就业歧视的论文，如周翔翼和宋雪涛（2016）的论文。但总体来说，国内运用审计实验法的研究还非常有限。就审计实验法来说，在几乎所有公共领域及发展过程中的相关社会问题上，都具有其应用的价值。运用审计实验法需要技巧，类似于 Schneider（2012）运用推理间接地设定声誉情境的做法就非常有智慧，有利于拓展审计实验法研究的领域和范畴，更大程度地发挥实验法研究的价值。

下篇

随机实地实验在中国的运用

7　医疗保险和代理人问题对医生开处方行为的影响[①]

7.1　引　　言

据统计，2009 年我国居民总医疗支出超过 220 万亿美元，随着我国医疗保险范围不断扩大及医疗支出不断增加[②]，探究医疗保险和医疗支出之间的关系成为中国及其他发展中国家面临的一个重要挑战。已有研究表明，医疗保险和医疗支出之间确实有很强的相关关系，一些学者认为医生的自利行为是其中的一个重要的驱动因素（Wagstaff and Lindelow 2008；Wagstaff et al.，2009）。

Arrow（1963）曾提出医生和患者之间的委托–代理关系体现了医疗市场失灵的观点。在中国，医生可以从医药费中获利，加之患者缺乏医疗知识，导致医生就诊从自利的角度出发，而忽略了治疗效果，尤其是在患者有医疗保险的情况下，过度治疗和医疗支出过多的现象更是普遍存在。

“代理人假说”（agency hypothesis）和“体贴人假说”（considerate doctor hypothesis）是经济学中有关人的行为的两种相互对立的假说。以往文献基于以上两种假说对医疗保险和医疗支出的强相关关系分别做出解释：一是“代理人假说”，由于患者缺乏医疗常识，医生会从自我利益角度出发向患者推荐治疗方案和药品；二是“体贴人假说”，医生会权衡药品的效果与患者支付能力之间的关系。于是，对于“代理人假说”而言，高昂的费用意味着非必需的治疗；对于“体贴人假说”来说，高昂的费用则意味着治疗的改进。

传统的采用观测数据进行研究的方法存在三个内生性问题：第一，获得医疗保险的患者存在自选择；第二，从药品销售获得激励提成的医生存在自选择；第

① 本章改编自 Lu（2014）。

② 基于 World Health Organization（2013）计算。

三，最重要的是患者对于医疗保险做出反应而产生的识别困难。为了解决这些难题，本书首次通过可控实地实验的方法验证以上两种假说。实验时，随机安排就诊患者是否具有医疗保险，随机安排患者在就诊医院买药（医生有激励）或者不在就诊医院买药（在其他地方买药不影响医生的收入，即医生无激励）。就诊由两名实验人员实施，包括一名 32 岁的中国女性［Lu（2014）的作者本人］和一名 56 岁的中国女性助理，在随机安排的干预条件下，代替设定的两位虚构患者遵照标准程序进行就医，这一标准程序能够消除由医疗保险状况不同而引起的患者选择药品的不同。

本章的研究结果支持"代理人假说"，而否定"体贴人假说"。尤其当医生可以从医药费中获利时，医生对有医疗保险的患者开处方药的药价比对无医疗保险的患者开处方药的药价平均高出 43%，且医生对有医疗保险的患者开出更多或更昂贵的药品。特别是患者在不需要药品治疗的情况下（实验中的患者 1），医生对有医保患者的开药比例（64%）高于对无医保患者的开药比例（40%）。相反，当医生无法从医药费中获利时，将不会关心患者是否有医疗保险，这排除了"体贴人假说"，证明了是否能从医药费中获利对医生的激励确实影响了医生对有医疗保险患者的开处方行为。总体来说，本章的研究表明医疗保险和代理问题会影响医疗支出，不完善的激励制度导致有医疗保险患者的医疗支出过度。

本章不仅研究了医生激励和医疗保险的独立影响，还研究了医生激励和医疗保险的交互作用，并且验证了是医生自利行为还是医生的体贴行为导致有医疗保险患者医疗支出的增加。具体来说，本章主要有以下四个贡献：第一，本章的研究丰富了医疗健康代理文献［McGuire（2005）有综述］。Dalen 等（2010）发现如果居民的医疗由其救治医院覆盖，对比医保由挪威国民保险承担的情况，医保由救治医院承担能够降低医疗支出水平。Currie 等（2013）采用审计实验法，即研究人员代替真实患者就医来进行研究，发现患者的文化水平可以影响医生开处方的行为，并间接推断出中国的医疗行业存在代理问题。而本章则侧重于研究医疗保险和医生激励之间的关系，且通过随机安排医生激励直接研究医生的开处方行为。Currie 等（2014）后续研究表明医生激励比患者的文化水平更能影响医生的开处方行为。与 Currie 等（2013，2014）两篇研究不同的是，本章关注医疗保险对医生代理问题的作用，尤其是二者的交互作用。

第二，本章运用随机实地实验对医疗保险对于医生开处方行为的影响进行了深刻的分析。基于观测数据，大多数研究在探讨医疗保险对医疗费用支出的影响时，不能分离出医生和患者对于医疗保险做出反应的不同影响（Lundin，2000；Zweifel and Manning，2000；Card et al.，2008；Wagstaff and Lindelow，2008；Wagstaff et al.，2009；Carrera，2011；Anderson et al.，2012）。但是研究医生或患者对医疗保险的单独反应，对于控制医疗支出非常重要。Mort 等（1996）和 McKinlay 等

（1996）的研究则比较例外，他们将医生作为研究对象，但他们的研究关注医生的开处方决定而非医生真实的开处方行为，而本章则采用标准化的就医实验去展现医生对于医疗保险做出的反应。

第三，本章的研究证明了医生激励和医疗保险之间存在强相关关系，这有助于解释医疗支出和医疗保险之间的关系。许多研究认为代理问题是造成医疗保险覆盖下居民医疗支出增加的重要原因（Kessel，1958；Feldstein，1970；Wagstaff and Lindelow，2008；Wagstaff et al.，2009）。Iizuka（2007，2012）的两篇文章与本章类似，它们同时考虑了医生激励和患者现金支出的作用，其中一篇文章研究高血压患者的医疗支出问题，另一篇文章研究品牌药和仿制药的选择问题。本章与以往研究医疗报销和医生代理问题的文献相比有以下两个优势：一是本章的研究结果展现了医生决定的差异，而非来自患者需求的差异；二是随机安排医生激励，排除了其他因素对医生激励和开处方行为之间关系造成的影响。

第四，丰富了采用审计实验法研究的文献。审计实验法被用于多个领域，如劳动力市场、汽车销售市场、汽车修理市场、体育行业和医疗行业等（Ayres and Siegelman，1995；Bertrand and Mullainathan，2004；List，2004；Kravitz et al.，2005；Currie et al.，2011；Schneider，2012）。

本章的安排如下：7.2 节介绍有关中国医疗保险和医生激励的制度背景，7.3 节介绍随机实地实验过程并提出可供验证的五个假说，7.4 节给出描述性统计结果并做出实证分析，7.5 节对可能影响实验结果的因素进行讨论，7.6 节进行总结。

7.2　制度背景

关于药价。在中国，大多数患者选择在医院门诊就医。据统计，2009 年医院医药部的药品销售量占总药品销售量的 74%（中国医药发展研究中心，2010），药品销售额占医疗卫生费用的 40%~50%（戴廉，2011）。在北京，医院药品销售种类和销售价格由政府决定，并且由于不同商家可以制造出不同品牌、不同包装的含有同种有效成分的药品，因此，政府会对每一个品牌、每一种包装进行定价。除了社区门诊以外，医院药品售价被允许在批发价的基础上加价 15%以弥补其运营成本（Liu et al.，2000；Yip and Hsiao，2008）。除医院之外还存在很多药房，这些药房面临不同的批发价和运营成本，但通常来说，医院药品售价比药房药品售价高。

关于医生薪酬。医生隶属于医院，从医院获得薪酬，其奖金取决于医院的营收（Tang et al.，2007）。通常医生不能够从医院之外的其他药房获得药品出售的收益。

开处方时，医生会从医院的药品库存中指定具体药品、品牌和规格，药剂师不会对其进行调整。

关于医疗保险。不同的医疗保险针对不同的人群（城市居民、农村居民、在职员工和政府官员等），免赔额和自付率不尽相同，但它们都有以下三个共同之处：首先，保险部门监管医疗护理质量的能力有限（Wagstaff and Lindelow，2008）；其次，医生对有医疗保险患者和无医疗保险患者收取的医疗服务费相同；最后，品牌药和仿制药的自付率相同。

关于医院。本章研究选取的医院为中国的三甲医院，这些医院规模大，医生水平高（在中国，不强调全科医生和专科医生的区分，但三甲医院医生水平属于专科医生水平），就诊患者来自全国各地。

7.3 实验设计

本章选取医疗保险中的公费医疗保险进行研究，这类保险只针对公务员和政府职员，其看病时需自己支付全额费用（与无医保患者类似），然后再拿单据回工作单位报销。医院通常并不核实公费医疗患者的真实医保状况，只要患者自称是公费医疗保险即可，因而给本章研究的开展提供了非常大的便利。虽然不同机构的公费医疗自付率不同，但通常低于城市居民医保自付率（北京为30%）。为了便于研究，本章假设公费医疗保险的自付率（取0和30%的平均数）为15%。

在实验中，患者有公费医疗保险（insured）或者没有公费医疗保险（uninsured），医生开处方前会被告知患者在医院买药（incentive，有激励）或者不在医院买药（no incentive，无激励），于是实验干预措施存在以下四种组合，如表7.1所示。

表7.1 实验干预措施的四种组合

组合	有激励	无激励
有医疗保险	A	C
无医疗保险	B	D

本章采用审计实验法，但存在两个挑战：一是两名实验人员存在异质性；二是同一实验人员在不同实验干预下行为可能不同。为了避免由实验人员带来的干扰，研究采取如下措施以最小化潜在的问题：第一，选择糖尿病、高血压和甘油三酯异常这些容易量化和客观描述的病情；第二，由实验人员携带虚构的两位患者的病例去医院就医，并告知医生自己不是患者，排除实验人员特征对实验的干扰；第三，实验人员进行多次事前演练，以保证顺利按照实验规则（附录7.2）执

行，并且每位实验人员都在上述四种组合下多次就医，使得实验人员的个体固定效应可控。具体实验过程如下。

7.3.1 构造虚拟患者

在样本外医生的帮助下，研究构造了两名虚拟患者，详情见附录 7.1。构造两名虚拟患者的主要目的是增加样本容量①。虚拟患者的基本情况如下。

患者 1：男，66 岁；近期体检出高血压、高血糖、甘油三酯异常②但未达到用药标准③，这个设定可以检测医生是否存在过度治疗和不当治疗行为；于内分泌科就诊；无相关病史。

患者 2：男，65 岁；一直患有高血压；于心内科就诊；多年使用药品硝苯地平控释片治疗但未好转，这个设定可以检测医生开处方行为，即是否增加药量或换处方。

实验由两名实验人员以亲戚身份代替两名虚拟外地患者就医④。事先已经对医生可能询问的常见问题（有无遗传病，是否抽烟、喝酒，身高、体重等）做了充足的准备，回答排除了其他的健康风险因素。就医时由实验人员呈递患者体检结果，为了避免实验人员显得过于专业，他们只在被问及的时候才提供相关信息。

实验中，虚拟患者都被设定为生活在外地。之所以设定为外地患者，是因为避免医生要求患者亲自就医，以及在无激励条件下，患者在场却不在医院买药会激怒医生。但如果患者在外地，不在医院买药就显得可以理解。三甲医院的外地患者比例较高，因此实验并不会引起太多的不妥。

因为本章想探讨医疗保险对于普通患者的影响（而不是仅对低收入群体的影响）。设定的患者均为中等收入水平的患者：第一，患者 2 服用的药品为较贵的品牌药——“拜新同”（拜耳公司产的硝苯地平控释片），每月费用 163 元（约

---

① 为了确定必要的就医数量，用医生是否在一种干预下比在另一种干预下开药更贵这个 0/1 指标做推算。对于 0/1 指标而言，其标准差最大为 0.5。在 5%显著性水平和 8%的功效下，20%的差距应该为 49（$49=[(1.96+0.84)\times 0.5/0.2]^2$），即为了得到医生在一种干预下比在另一种干预下开药更贵的可能性高出 20%的显著差异，每种干预至少需要 49 个数据点。北京市区有 32 家综合性三甲医院，每个医院都有独立的内分泌科和心内科，因此实验人员需要到每家医院为每一个干预至少就医两次。

② 病人做医疗检查是非常普遍的一个现象，检测结果需要由病人保管并在就医时随身携带，且病人可以直接看到血液检测指标的高低。

③ 见 https://www.nhlbi.nih.gov/health-pro/guidelines/current/cholesterol-guidelines/quick-desk-reference-html。

④ 许多证据表明由他人代替病人就医是常见的现象，如不同医院的医生经常会在处方上写明“家属代替家乡病人就医”。一篇题为“开处方前后需要告知医生的那些事”的文章提到由他人代替就医时常见的现象，因此笔者的首要建议就是要告知医生病人是谁。尽管没有数据量化替代频率，观察性研究表明他人代替就医是常见的现象。本章研究的优点在于使得无激励干预更加便利并且可以更好控制就医过程。

24 美元）[①]，占城市居民人均收入的 11%[②]。大量临床试验表明，“拜新同”的国产替代品“欣然”有着相同的效用且价格为“拜新同”的 2/3，可见选择“拜新同”的患者经济状况良好的概率大；第二，当医生询问无医疗保险患者的经济状况时被告知为“中等收入水平”（更多详细信息可见附录 7.2）。

7.3.2　实验人员及就医过程

两名实验人员，包括一名 32 岁中国女性（笔者本人）和一名 56 岁中国女性助理，在随机分配干预条件下，代替设定的两位虚拟患者遵照实验规则（附录 7.2）进行就医。实验人员了解实验规则的重要性，因此反复阅读记忆实验脚本，首先相互进行模型演练，其次在邀请的培训专家面前进行演练，最后进行实地就医实验。

具体来说，就医分为两个步骤：第一步，挂号，实验人员告知挂号窗口工作人员患者是否有公费医疗保险并提供患者姓名、性别、年龄等基本信息，工作人员通过内部计算机系统将医保信息发送给医生或者直接打印小条将医保信息由实验人员就医时呈递给医生。第二步，根据事先安排，首先，实验人员告诉医生，“医生您好！我是代替家乡的亲戚就医的，他希望一流医院的医生为他诊治”，接下来实验人员按照实验规则描述患者的身体状况；其次，实验人员说“亲戚叫我帮他拿些药”或者“亲戚希望拿到处方在当地的医院拿药”，以此告知医生是否在医院买药；最后，医生开处方，实验人员离开诊室。

7.3.3　设定医生激励

尽管理想状态是让 A、B、C、D 四种情况在同一医生处进行就医，可以消除医生异质性带来的影响，但使用同一个病例在同一医生处就医会引起医生的怀疑。因此，实验选择在每家医院进行四次就医，一次就医对应一种类型，随机安排医疗保险和医生激励。

医院有两种类型的医生，分别为值班医生和专家医生。所有的医生都可以作为值班医生，而职称高的医生可以在特定的时间以专家医生身份出诊，收取稍贵的就诊费。为了使样本更具代表性，需要到值班医生处就医，但是在现实中很难事先确定要看的值班医生是哪一位。为了解决这个问题，实验采用如下方法：每名实验人员先去找值班医生就医，如果出现同一个实验人员在同一个值班医生处

---

① 实验时汇率为 1 美元≈6.8 元。

② 中国城市居民 2009 年的人均年收入为 17 175 元，因此，163 元的“拜新同”花费占城市居民人均月收入的 11%（163 × 12/17 175 ≈ 11%）。

多次就医情况，那么就去找专家医生就医。因而，所就医的医生会遵循一定规则，如可能会出现年龄上从小到大、资质从高到低的规律。为了避免这些规律和四类干预情境产生相关性，在实验前为每个医院的病例生成了 A、B、C、D 的随机序列，就医按照随机序列的顺序进行。

7.3.4　提出预测

本章依照以往文献加入偏离患者最优化选择的负效用（McGuire and Pauly，1991；Gruber and Owings，1996），假设医生效用由其个人收入、对患者费用的关心和对其自身职业的考量共同决定，通过选择特定数量–价格组合最大化其效用。虽然药价由政府规定，但医生可以选择不同品牌药或者选择仿制药来选择价格。无论是在有激励还是在无激励的情境下，医生都会权衡药品效果和患者其他消费，并且会给有医疗保险患者开更多药品或更贵的药品（也可能更贵的药品效果更好）。在有激励的情境下，由于医生收入一部分来自药品销售收入，医生有动机开更贵的药品来增加自己收入，但同时承担患者不在医院买药的风险。换句话说，如果患者一定会在医院买药，如大多数有医疗保险的患者，医生可以尽量开更贵的药品；但如果患者在价格合适的情况下在医院买药，当价格太高时可能换别的医院或者到其他药房买部分药品，如自费患者，那么医生则不能开太贵的药品。假设 A、B、C、D 分别表示在相应类型组合下的药品费用（drug expenditures）。

预测一：A>B。有激励的医生对有医疗保险患者开出的药品价格高于无医疗保险患者。此时存在两种可能：一是权衡患者健康费用和其他效果的结果；二是尽可能达到患者预算上限。此结果符合“代理人假说”或者“体贴人假说”。

预测二：C>D。无激励的医生对有医疗保险患者开出的药品价格高于无医疗保险患者，这是医生权衡患者健康费用和其他费用导致的，此结果符合“体贴人假说”。

预测三：A>C。对于有医疗保险患者，有激励的医生开出的药品价格高于无激励的医生，这是医生的自利行为导致的，此结果符合“代理人假说”。

预测四：B≥D 或者 B<D。对于无医疗保险患者，有激励的医生或无激励的医生开出药品价格之间的关系不能提供有效信息。由于医生认为无医疗保险患者支付能力有限，为防止无医疗保险患者不在医院买药而尽可能开具患者支付能力范围之内的药品。而激励是否增加药品费用则取决于患者的预算约束和无激励医生开出药品费用的大小。此种情况下不能判断符合“代理人假说”还是符合“体贴人假说”。

预测五：A–B>C–D。患者在有医疗保险的情况下费用更多，表明医疗保险放松了患者的预算约束，加剧了医生的代理问题，此时符合“代理人假说”。

7.4 实证分析

实验人员在 2010 年 6 月和 8 月在北京市区范围内的所有三甲医院（除去不区分公费医疗和自费医疗的医院，以及不在医院买药就不开处方的 5 家医院）的内分泌科和心内科进行了就诊。除了两家医院的内分泌科医生要求患者亲自就诊外，绝大部分医院医生都非常配合，但也存在部分遭拒的情况。有两家医院的内分泌科医生拒绝给代替患者看病的人开药，笔者首先排除了这两家医院[①]，另外一家医院心内科拒绝了对患者 2 开处方，因此最终得到患者 1 在 25 家医院的就医数据和患者 2 在 24 家医院的就医数据。总的来说，患者 1 的就医成功率达到 88%，患者 2 的就医成功率则更高[②]，这与 McKinlay 等（1996）的研究中就医成功率 91%接近，且高于 Mort 等（1996）研究中 64%的就医成功率和 Kravitz 等（2005）研究中 53%~61%的就医成功率。经验证，拒绝原因与随机干预类型无关。虽然存在就医失败的情况，但就医失败时笔者并未轻易放弃而是选择再次就医。

就医特征包括：是否为作者本人就医、医生是否专家医生、医生的年龄和性别等，而医生的年龄基于实验人员的估计[③]。患者 1 和患者 2 就医特征的描述性统计见表 7.2，表 7.3 则给出了四种情境下的就医特征。由表 7.3 的统计结果可以看出：患者 1 和患者 2 的就医特征在四种情境下是比较相近的，其就医特征之间的差异（F 值）并不显著。

表 7.2 患者 1 和患者 2 就医特征的描述性统计

变量	样本量	均值	方差	最小值	最大值
患者 1					
是否为作者本人就医（0/1）	100	0.48	0.50	0	1
医生是否专家医生（0/1）	100	0.33	0.47	0	1
医生是否男性（0/1）	100	0.34	0.48	0	1
医生的年龄/岁	100	43.00	8.29	30	65
药品原始费用/元	50	534.06	252.76	115.12	1 394.86

① 由于患者 1 的设置是为了得到有意义的结论，因此如果内分泌科医生拒绝前两次就医，我们就排除这些样本。

② 研究只排除两家医院样本。为了计算就医成功率，假设每家排除的医院有 4 次就医被拒，那么患者 1 的就医成功率为 88%｛［27 家医院×4-（4×2 家医院+5 次被拒）］/（4×27 家医院）｝；而对于患者 2 来说，即使首次就医成功也会由于拒绝患者 1 而将该医院样本除去，因此可以推断患者 2 的就医成功率高于患者 1。

③ 如果实验人员觉得医生的年龄更接近 40 岁而不是 35 岁或者 45 岁，那么就将医生的年龄记为 40 岁。

续表

变量	样本量	均值	方差	最小值	最大值
是否开甘油三酯方面的药物（0/1）	100	0.43	0.50	0	1
月均医疗费用/元	100	374.57	151.04	109.38	762.52
药品数量	100	2.39	0.65	1	4
药品剂量数	100	2.37	0.78	1	5
品牌药占总药品的比例（0~1）	100	0.72	0.32	0	1
患者 2					
是否为作者本人就医（0/1）	96	0.49	0.50	0	1
医生是否专家医生（0/1）	96	0.28	0.45	0	1
医生是否男性（0/1）	96	0.42	0.50	0	1
医生的年龄/岁	96	44.95	7.56	30	60
药品原始费用/元	48	349.43	143.38	122.63	794.28
月均医疗费用/元	96	301.45	116.00	102.92	761.84
药品数量	96	2.13	0.42	2	5
药品剂量数	96	2.08	0.47	1.5	4
品牌药占总药品的比例（0~1）	96	0.83	0.26	0	1

表 7.3　四种情境下的就医特征

变量	有医疗保险 有激励	无医疗保险 有激励	有医疗保险 无激励	无医疗保险 无激励	*F* 值	*p* 值
两位患者						
是否为作者本人就医（0/1）	0.49	0.51	0.51	0.43	0.64	0.59
	（0.07）	（0.07）	（0.07）	（0.07）		
医生是否专家医生（0/1）	0.29	0.27	0.31	0.37	0.80	0.51
	（0.07）	（0.06）	（0.07）	（0.07）		
医生是否男性（0/1）	0.37	0.33	0.41	0.41	0.53	0.66
	（0.07）	（0.07）	（0.07）	（0.07）		
医生的年龄/岁	43.57	43.67	44.08	44.49	0.14	0.95
	（1.17）	（1.19）	（1.15）	（1.08）		
样本量	49	49	49	49		

注：括号里数字表示标准误

关于实验中的一些重要指标的解释如下。

第一，不论患者是否在医院买药，药品费用一律按照开处方医生医院药房的价格计算，于是药品费用的差异仅仅来自处方的不同[①]。

第二，药品原始费用为一个处方的总费用，由医生偏好和剂量的不同决定用药的总天数：28 天、30 天或 35 天，然而医生在无激励条件下，处方上只显示用药方法但不显示用药总天数[②]，因此在无激励条件下的药品原始费用无法计算。患者 1 的处方药有三类：甘油三酯药品，高血糖、高血压药品和补充药品，患者 2 的处方药包括高血压药品和补充药品。补充药品通常情况下为阿司匹林（除了实验中有一次医生开了维生素 B1）。品牌药阿司匹林的每月费用为 15 元，占平均费用的 3%，对医药费用的影响较小。然而关于是否应该给两名患者开阿司匹林，并没有明确的医学标准[③]。

第三，关于是否开甘油三酯方面的药物，患者 1 甘油三酯水平异常，但是低于医疗用药水平，因此通过医生是否开具甘油三酯药品可以判断医生是否存在过度治疗的行为。平均来说，实验中有 43%的医生开甘油三酯药品，这似乎表明医生存在过度治疗的行为。

第四，高血压和糖尿病患者需要长期治疗，用药时间较长并不意味着过度治疗，因此我们对高血压和糖尿病患者采用 30 天的医疗费用指标。用药品数量统计处方中用药种类数量，用药品剂量数统计用药的剂量数，即几个标准剂量数[④]。二者可以衡量治疗程度，但两者均不是完美的衡量指标[⑤]。例如，一种药品二甲双胍（抗糖尿病药、降血糖药）的标准剂量为 500mg×3，医生开药 250mg×3，则药品数量为 1，药品剂量数为 0.5。

第五，品牌药占总药品的比例，可以用来衡量价格选择。满足以下三个条件的都可以称作品牌药：第一，处方中明确注明为品牌药；第二，价格接近于相关品牌药；第三，中国专利药[⑥]。并非所有的品牌药都有替代仿制药，通常来说仿制药价格低于品牌药，但也会出现某些品牌药比另一种品牌的仿制药更便宜的情况。

表 7.4 分别给出了四种干预情境下的描述性统计。为了便于解释，表 7.5 给出了线性回归模型的结果。然而当我们采用不同方法，如对一系列费用采用对数形

---

① 医生会对比医院给出的药价开处方，因此在无激励条件下医生对药价也有大致的了解，另外，医院的药价和市场上的药价差别不大，因此用医院药价计算药品费用不会产生偏误。

② 尽管医生表明应该开硝苯地平药品，但一些医生并未给患者 2 开硝苯地平药品。还有一些医生开出半个月的处方但不标明天数，在这种情况下，笔者加入硝苯地平药品并增加达到一个月的用量。

③ 如果一名 50 岁以上的男性患者没有药物过敏史，开具阿司匹林可以使患者 1 和患者 2 血压降低到 150mmHg 以下，就应该开阿司匹林。开具阿司匹林药品的医生希望患者的血压能降到 150mmHg 以下，而未开具阿司匹林药品的医生则希望患者的血压降到 150mmHg 以下后才为患者开具，他们会说：“只有当你的血压降到 150mmHg 以下我才会给你开阿司匹林。”

④ 有两名医生给患者 2 开双倍剂量的硝苯地平药品，在这里记作 2。

⑤ 药物强度指标应该衡量多种药品的共同效果，但是血压和血糖药品的效果是不可能被精确度量的。

⑥ 除一种中国专利药以外，中国专利药每月花费等于或高于西方品牌药每月花费。

式进行估计、采用 Logit 模型估计对使用甘油三酯药品概率的影响、采用泊松模型估计对药品数量的影响、采用 Tobit 模型估计对使用品牌药比例的影响等来估计医疗保险对各结果变量的影响时，结果依然稳健①。由于实验为重复抽样过程，我们采用 Anderson（2008）的置换检验（permutation tests）方法——原假设为医疗保险或者医生激励没有处理效应，发现结果依然稳健。此外，由于本章实验研究多种不同干预下的影响，存在多重假设检验问题，于是我们通过控制 FDR 进行假设检验，结果在 13 个已通过 5%显著性水平的假设检验中有 11 个假设检验依然显著。尽管我们可以将分析结合在一个回归中，但是独立的回归能够展示更清晰的结果。

表 7.4 四种干预情景下的描述性统计

变量	有医疗保险 有激励	无医疗保险 有激励	有医疗保险 无激励	无医疗保险 无激励
两位患者				
药品原始费用/元	522.11	365.14		
	（35.80）	（23.63）		
是否开甘油三酯方面的药物（0/1）	0.64	0.40	0.28	0.40
	（0.10）	（0.10）	（0.09）	（0.10）
月均医疗费用/元	424.78	298.71	324.50	307.03
	（23.54）	（15.84）	（18.95）	（15.44）
药品数量	2.47	2.20	2.18	2.18
	（0.10）	（0.08）	（0.07）	（0.06）
药品剂量数	2.53	2.09	2.16	2.12
	（0.11）	（0.08）	（0.09）	（0.07）
品牌药占总药品的比例（0~1）	0.83	0.68	0.81	0.80
	（0.04）	（0.05）	（0.03）	（0.04）
样本量（甘油三酯）	25	25		
样本量（其他变量）	49	49	49	49

注：括号里的数据是标准误

① 如果采用极大似然法估计，则可以消除医院固定效应。对于药品数量，我们还采用二项式模型，但是凹性假设并不适用所有的识别方法。

表 7.5 医疗保险和激励的影响

变量	（1）	（2）	（3）	（4）	（5）
药品原始费用/元	155.49***				
	（37.67）				
是否开甘油三酯方面的药物（0/1）	0.26*	–0.07	0.35***	–0.01	0.34**
	（0.14）	（0.09）	（0.10）	（0.13）	（0.14）
月均医疗费用/元	125.53***	16.67	101.22***	–5.09	103.71**
	（25.46）	（23.38）	（30.93）	（19.38）	（38.37）
药品数量	0.27**	–0.01	0.29**	0.02	0.26**
	（0.12）	（0.09）	（0.11）	（0.09）	（0.13）
药品剂量数	0.45***	0.02	0.38***	–0.04	0.39**
	（0.11）	（0.10）	（0.13）	（0.10）	（0.16）
品牌药占总药品的比例（0~1）	0.14**	0.01	0.02	–0.11*	0.13*
	（0.05）	（0.04）	（0.04）	（0.06）	（0.07）
控制变量包括：					
医院固定效应	是	是	是	是	是
就医特征	是	是	是	是	是
样本量（甘油三酯）	50	50	50	50	100
样本量（其他变量）	98	98	98	98	196

*表示在 10%的水平下在统计意义上显著，**表示在 5%的水平下在统计意义上显著，***表示在 1%的水平下在统计意义上显著

注：因变量列在左侧，每个系数都是从一个单独的回归中得到；所有的回归都是线性回归；患者 1 和患者 2 都包含在样本中。列（1）检验了当医生能够从患者的医药费用中获利时，医疗保险对不同结果变量的作用；列（2）检验了当医生没有受到此激励时，医疗保险对不同结果变量的作用；列（3）和列（4）分别呈现了在有医疗保险组和无医疗保险组中对医生激励的影响；列（5）呈现了医疗保险和激励的交互作用。括号里的标准误聚类到医院层面

7.4.1 检验预测一：有激励下的医疗保险效应

利用方程 7.1 来检验预测一：

$$Y_{hi} = \alpha_0 + \alpha_1 \text{insurance}_{hi} + X_{hi} + \text{hospital}_{hi} + e_{hi} \tag{7.1}$$

其中，Y_{hi}是患者 i 在医院 h 的结果变量；insurance_{hi} 在患者 i 有医疗保险时取 1，否则取 0；hospital_{hi} 是一组关于医院固定效应的虚拟变量；X_{hi} 包括四个就医特征变量。此处只分析医生有激励的两种情况。回归结果见表 7.5，解释变量列在左边，每一个系数都来自一个独立的回归。第一列给出了核心解释变量 insurance_{hi} 的回归系数，圆括号中报告在医院层面上的聚类标准误。甘油三酯有 50 个样本，其他有 98 个样本。表 7.5 的结果表明，有医疗保险患者的费用显著高于无医疗保险患者

的费用。结合表 7.4，有医疗保险的患者共花费 522 元，而没有医疗保险的患者共花费 365 元，相差 157 元。根据患者特征修正后，相差为 155.49 元，约为无医疗保险患者总支出的 43%。对比每家医院的药品费用，有医疗保险的患者 1 在 25 家医院中的 19 家医院里费用较无医疗保险的患者 1 费用要高，有医疗保险的患者 2 在 24 家医院中的 20 家医院里费用较无医疗保险的患者 2 费用要高。另外，患者 1 甘油三酯水平异常并不需要用药，不打算开处方的医生通常会说，“您的甘油三酯水平并不高”或者“当血糖水平降低时，您的血脂水平自然会下降”。总体来说，医生对有医疗保险患者和无医疗保险患者开药的比例分别为 64%和 40%，两者相差 24%，差距弱显著（t=1.95，p=0.064）。对于需要用药的情况——患者 1 高血压、糖尿病和患者 2 高血压，有医疗保险的患者相比无医疗保险的患者每月费用多 126 元（42%，与总支出费用比例差距接近），这可能是两个原因导致的：① 医生采用更激进的治疗方法；②医生开具更昂贵的药品。研究结果证明了这两个猜想：有医疗保险患者用药种类（系数 0.27）和用药剂量（系数 0.45）均更多，且品牌药比例更大（系数 0.14）。

根据前文分析，一个有激励的医生对有医疗保险患者开出的药品价格高于无医疗保险患者时存在两种可能：①权衡患者健康费用和其他费用的结果；②尽可能达到患者预算上限，该情况下不能判断符合“代理人假说”还是“体贴人假说”。虽然有医疗保险的患者相比无医疗保险的患者来说，药品总支出多了 43%，假设政府保险赔付率为 15%，那么有医疗保险患者相比无医疗保险患者来说可以少花费 21%（1.43×15%）[①]。因此，医生很有可能最大限度地获取这部分差额，达到患者预算上限，这个结果似乎更符合“代理人假说”。

7.4.2　检验预测二：无激励下的医疗保险效应

当医生知道患者将不会从医院药房买药时，医生没有激励去开出超过他们认为最适合患者的药量。预测二认为医生可能会给无医疗保险患者开出费用更低的药品，如果他们在乎患者的自费支出的话。同样利用式（7.1）来验证无激励医生（医生被告知不在该医院买药）样本的开处方行为，但是把样本约束在无激励的干预下。

在实验过程中，当医生得知患者无医疗保险时，少数医生表明将开具价格实惠、疗效较好的药品，这个行为比较符合“体贴人假说”。但表 7.5 列（2）回归结果显示，所有系数均不显著，即当医生不能从开处方中获利时，对有医疗保险

① 实验中除了一种药品外，其他药品的赔付率相同。

患者和无医疗保险患者开处方几乎无差异。医生不会更多地给有医疗保险的甘油三酯患者开药，虽然负向结果与预期相反，但并不显著。

另外，尽管医生没有经济激励，但 34%（0.28 和 0.40 的平均数）的医生给甘油三酯患者开药，这表明过度治疗是医疗行业普遍存在的现象（Das and Hammer，2007；Currie et al.，2011），也可能是因为实验人员表达了自己对甘油三酯异常的担忧，而医生为了安抚患者才这么做的。此外，医生的习惯和能力也会影响医生开处方行为。然而，由于本章对比了四种组合干预之间的差别，普遍存在的过度医疗（被相互消除）并不会影响本章结果的有效性。有医疗保险患者和无医疗保险患者之间每月费用差额为 17 元，占无医疗保险患者费用的 5.5%，与 Mort 等（1996）的结果 7.5%相近，但与 43%相比可以忽略不计。

综上所述，“体贴人假说”并不能解释无激励医生对有医疗保险患者和无医疗保险患者开处方行为的差异。

7.4.3 检验预测三：有医疗保险患者中的代理人问题

$$Y_{hi} = \alpha_0 + \alpha_1 \text{incentive}_{hi} + X_{hi} + \text{hospital}_{hi} + e_{hi} \tag{7.2}$$

其中，Y_{hi}是患者 i 在医院 h 的结果变量；incentive_{hi}在医生有激励时取 1，否则取 0；X_{hi}包括四个就医特征变量。此处只分析有医疗保险患者的样本。

表 7.5 列（3）检验了预测三，可以看出几乎所有系数都显著为正值，即对于有医疗保险患者，有激励的医生相比无激励的医生开出的处方药更多也更贵，但开出的品牌药比例差距不大（83%和 81%）。更具体地说，有激励的医生相比无激励的医生对高血压和糖尿病患者开出的处方药费用高 100 元（31%=100/324）。这个结果证明了预测三，符合“代理人假说”。

7.4.4 检验预测四：无医疗保险患者中的代理人问题

表 7.5 列（4）显示了医生激励对于无医疗保险患者开处方的结果。医生激励对无医疗保险患者的影响是不明确的，它取决于医生对患者支出能力的预期。高血压和糖尿病都属于老年人最常见的疾病，并且依赖于长期的药物治疗，医药费用成为患者重要的经济负担。

表 7.5 列（4）所有的系数均不显著，即对于无医疗保险的患者 1，有激励的医生和无激励的医生开具甘油三酯药品的可能性相同，药品费用和药品剂量等均相同，且有激励的医生较少开品牌药（后文将会探讨原因）。

7.4.5　检验预测五：医疗保险和医生激励的交互作用

可以利用表 7.5 列（1）系数减去列（2）系数或列（3）系数减去列（4）系数的方法粗略估计医疗保险和医生激励的交互作用。更精确的估计则采用下面的方程：

$$Y_{hi} = \beta_0 + \beta_1 \text{insurance}_{hi} \cdot \text{incentive}_{hi} + \beta_2 \text{insurance}_{hi} + \beta_3 \text{incentive}_{hi} + X_{hi} + \text{hospital}_{hi} + e_{hi} \quad (7.3)$$

预测五采用方程（7.3）进行回归，结果支持预测五。具体来说，有激励的医生给有医疗保险患者开甘油三酯药品的可能性更大；在高血压和糖尿病上的处方药费用每月多 105 元，占预测一中医药费用差额的 80%。表 7.5 列（5）仅仅给出了交互项系数，表 7.6 给出了所有变量系数，可以看出在加入交互项后，β_2 和 β_3 系数均不显著。

表 7.6　所有变量对开处方行为的影响

自变量	因变量				
	是否开甘油三酯方面的药物	月均医疗费用/元	药品数量	药品剂量数	品牌药占总药品的比例
有医疗保险，有激励	0.34**	103.71**	0.26**	0.39**	0.13*
	（0.14）	（38.37）	（0.13）	（0.16）	（0.07）
有医疗保险	−0.10	21.07	0.01	0.05	0.02
	（0.10）	（24.33）	（0.09）	（0.11）	（0.04）
有激励	0.02	−3.49	0.03	−0.02	−0.11*
	（0.13）	（21.86）	（0.09）	（0.10）	（0.06）
是否为作者本人就医(0/1）	−0.11	−16.17	0.05	−0.00	−0.02
	（0.08）	（20.32）	（0.09）	（0.10）	（0.05）
医生是否专家医生（0/1）	0.09	44.82**	0.12	0.10	0.13*
	（0.13）	（21.40）	（0.11）	（0.13）	（0.06）
医生是否男性（0/1）	0.07	−1.67	−0.04	−0.03	0.07
	（0.17）	（25.74）	（0.12）	（0.15）	（0.05）
医生的年龄/岁	0.00	−1.14	0.00	0.01	−0.01**
	（0.01）	（1.66）	（0.01）	（0.01）	（0.00）
医院固定效应	是	是	是	是	是
样本量	100	196	196	196	196

*表示在 10%的水平下在统计意义上显著，**表示在 5%的水平下在统计意义上显著，***表示在 1%的水平下在统计意义上显著

注：括号里的标准误聚类到医院层面

从表 7.4 平均结果来看，交互作用在甘油三酯开药可能性、高血压和糖尿病费

用和用药强度上的影响，主要来自情境 A（有激励有医疗保险）对其他情境的偏离。而交互作用对品牌药比例的影响主要来自情境 B，因为该比例在情境 A、情境 C、情境 D 中分别是 0.83、0.81 和 0.80，而在情境 B（有激励无医疗保险）中只有 0.68。这一现象可能有以下几个解释：第一，医生认为品牌药的效果更好，因此只有在某些特殊情况下才会使用仿制药；第二，品牌药名称更便于记忆和交流。若后者是问题的关键，那么仅仅废除医生的激励对于有医疗保险患者医疗费用的影响将比较有限。

因为这次实验为重复抽样实验，大多数医生只被访问过一次，只有 38 名医生被访问过多次，所以可以利用这些样本对比情境 A 与其他情境的差别，结果依然支持本章结论：第一，就每月费用来说，在 22 组中有 15 组结果支持本章结论，4 组结果与本章结论相悖，还有 3 组结果相同①；第二，就甘油三酯药品来说，11 组中有 3 组支持本章结论，没有与本章结论相悖的组别。

综上所述，本部分结果证明了预测五：A–B>C–D，即有医疗保险加剧了医生的代理问题，符合“代理人假说”。

7.4.6 其他影响

表 7.6 的结果表明，医生的个人特征几乎不影响开处方行为，但有两个例外：第一，专家医生开处方药普遍偏贵；第二，老医生较少开品牌药。因此，笔者又在方程（7.3）基础上加入医疗保险和激励的交互项与就医特征有关变量的三交乘项，一次加一个，但结果表明就医特征并不会影响交互项的作用。这同时也意味着笔者和其助手的就医行为类似。

7.5 讨　　论

文献中常用审计实验法研究差异，这个方法的优点在于可以在通过匹配，以及在保持其他因素不变的条件下只改变一个因素进行研究，但匹配的有效性通常是关键。本章的实验设计能否做到只变动医疗保险状况和医生激励状况这两个条件而不影响其他因素呢？以下是可能的几点顾虑：

第一，当医生得知患者不在该医院买药时，医生会认为患者对价格敏感而不关心药品品质吗？在这种情况下，“体贴人假说”将会支配医生开处方行为。实

① 分析中排除了那些无医疗保险有激励组合的医生。

验前笔者做了调查，发现医生通常认为收入低或无医疗保险患者较少在医院买药，但对于外地患者来说，不在北京买药的原因却有很多种，并不局限于收入和支付意愿这两个原因，还有其他原因，如外地医药费不能报销、不方便邮寄等；另外，不在北京买药并不意味着不关心药品品质，因为患者在外地同样可以买到高质量的药品。受访医生还表示，由亲戚代替患者就医有较大的概率表明患者不在北京，所以对不在北京医院买药的行为表示理解。因此，尽管不能排除医生从不买药的表态上获得了额外信息，但可以肯定的是这并不是影响实验结果的主要因素。

第二，医生会因为其他地区药品种类不齐全而在开处方时受到限制吗？治疗高血压和糖尿病的药品（除了两种中国专利药品）几乎都列示在卫生部 2009 年公布的国家必备药品目录上，各省均有采购，因此不会出现其他地区无法买到药品的现象。这两种中国专利药品仅出现在两名患者的处方上，除去两种中国专利药品的样本后不影响结果。另外，每个地区治疗甘油三酯的药品也均有储备，因此不会出现因医生担心其他地区药品种类不齐全而使开处方受到限制的情况。

第三，当无激励的医生知道处方将被同行评议时，其开处方行为是不是就不会很激进？在中国，处方药的有效期为一个月，对于慢性病患者来说，需要每月进行就医，因而处方（即使在医生有激励的情况下）被同行评议是常见的现象。另外，如果医生担心被同行评议，那么就很难解释“外地买药只在患者有医疗保险的情况下才会对医生开处方行为有影响”这个事实。因此，这一担忧也是多余的。

7.6 结　论

本章利用可控实地实验研究了医生开处方的行为是符合“体贴人假说”还是“代理人假说”，很好地解决了研究中可能存在的内生性问题，避免了利用观察数据（有医疗保险的患者倾向于多购药品的倾向）研究而带来的混杂因素的影响。本章的研究结果发现，当医生可以从医药费中获利时，医生对有医疗保险患者开出的处方药比对无医疗保险患者开出的处方药贵 43%。进一步研究结果表明，有医疗保险患者比无医疗保险患者多出的 80%的医药费源自医生的自利行为，这种行为给患者造成了福利损失。这一结果证明了“代理人假说”而否定了“体贴人假说”。

本章的结果与相关文献研究结果存在相似之处。Iizuka（2012）的研究表明，当日本医生希望从医药费中获利时，便会根据价格来选择品牌药或者仿制药，且对无医疗保险患者开具仿制药的概率提高 41%[①]，这与本章中中国医生对无医疗保险患者开具仿制药的概率增加 51%很接近[②]。

就代理人问题来说，对于有医疗保险患者，本章研究发现废除医生激励将降低高血压和糖尿病的处方药费的 24%[③]，而 Iizuka（2007）的研究表明，在日本相应的效果是降低 15%。而对无医疗保险患者来说，本章研究发现其医疗费用与医生激励无关。Currie 等（2013）同样采用审计研究法研究了北京医生治疗流感症状的开处方行为，结果发现当实验人员表明不在医院买药时，医药费用降低了 63%[④]。而本章与 Currie 等（2013）的研究有两个不同之处：第一，Currie 等（2013）研究治疗流感的开处方行为，存在很多禁忌药品，而本章研究的治疗高血糖、高血压和甘油三酯的禁忌药品非常少；第二，当被问及不在北京医院买药的原因时，Currie 等（2013）的实验人员表明对价格强烈的敏感。

外部有效性对于本章而言是一个重要的议题。本章的研究范围局限于北京市三甲医院、两名实验人员和公费医疗保险的保险形式。三甲医院就医患者跨地域范围较广，其医疗方法也通常成为其他低水平医院医生学习的典范。本章研究的高血糖和高血压属于慢性病，治疗时间长且费用高，而这正是医疗保险要解决的核心问题。尽管公费医疗保险比其他医疗保险更加慷慨，不同的医疗保险形式在减少患者的自付费用，以及依药、依服务付费上是相同的。此外，不管是哪种医疗保险，对医生的监管都是有限的。而且在 15%药品加成的问题上，在各大医院也是相同的（除了社区医院）。

尽管存在这些局限，本章的研究结果表明：有医疗保险患者相比无医疗保险患者花了更多的钱、吃了更多的药，却没有得到更有效的治疗。这表明在探讨中国医疗保险带来社会医疗费用增加这一事件的福利效应时需要慎重。类似中国这样的发展中国家，多重市场失灵会产生相互作用：缺乏医疗保险能约束代理问题，扩大医疗保险覆盖范围则会加剧代理问题。我们希望政策制定者能权衡利弊，击中要害，在推行医疗保险制度的同时改革医生激励制度。

---

① 此处为笔者的计算。

② 51%为医生对有医疗保险患者和无医疗保险患者开仿制药的差除以自付率（等于对医疗保险患者的赔付率），再除以对无医疗保险患者开仿制药的比例（0.51=0.14/0.85/0.32）。

③ 24%的差距等于调整后有激励的医生和无激励的医生对有医疗保险患者开药花费的差额除以有激励的医生对有医疗保险患者开药的月花费额（0.24=101.22 元/424.78 元）。

④ 63%的差距等于调整的在有激励医生和无激励医生条件下花费差额除以有激励条件下花费差额（0.63=65.53 元/104.65 元）。Currie 等（2011）的研究中所有的患者都没有医疗保险。

附录 7.1：虚拟患者的基本信息

患者 1：男，66 岁。

健康问题的基本描述：

最近检查出问题。

禁食血糖是 7.5 mmol/L，餐后 2 小时血糖是 11.5 mmol/L。

禁食 c-肽（c-peptide）是 2.1 ng/ml，餐后 2 小时 c-肽是 10.2 ng/ml①。

血红蛋白 A1C 值是 7.8%。

血压是 160/90mmHg。

甘油三酯是 2.3 mmol/L（等价于 199 mg/dL），胆固醇正常。

心跳是 80 次/分。

没有感觉到不舒服。

如果医生询问其他问题，准备的回答包括：

肝功能和肾功能正常。

身高 175cm，体重 70kg。

不抽烟，喝一点点酒。

不暴饮暴食。

没有家族病史。

患者 2：男，65 岁。

健康问题的基本描述：

有高血压。

在吃“拜新同”（品牌的硝苯地平控释片），一天一片。

血压是 155/80mmHg。

心跳是 75 次/分。

不晕。

如果医生询问其他问题，准备的回答包括：

肝功能和肾功能正常。

身高 175cm，体重 70kg。

血压最高的时候能到 170。

---

① c-肽（C-peptide）的检验并不标准化，不同的实验室给出不同的正常值范围。基于多个网络来源，我们看到至少三个不同的标准：①1.49~3.41 ng/ml；②1.1~4.4 ng/ml；③3.77~4.23ng/ml。总体说来，构造的 c-肽值显示患者有 2 型糖尿病。如果医生问到正常值范围，回答是“从 0 到 3 点多”。

高血压 3 年了。

吃“拜新同”有几个月了。

不抽烟，喝一点点酒。

附录 7.2：实验脚本

在挂号过程中：

我想挂内分泌科/心内科的普通号/专家号/{专家名字}。这是挂号卡/表[①]。多少钱?

向医生介绍自己：

医生你好！我代替老家的{亲戚}来看医生。他希望大医院的医生来看看他的问题。

描述基本的健康问题：

对于每一个患者，根据附录 1 描述其病情。

设定激励状态：

在有激励的情境下：{亲戚}要我在这里帮他买些药。

在无激励的情境下：{亲戚}想要一份处方单，在当地拿药。

如果医生询问其他准备过的信息，按照附录 1 回答。

如果医生询问其他健康问题，但是没有准备过：

他应该没有那个问题吧。他从来没有提过那个问题。

如果医生询问患者的经济状况：

属于中等。

如果医生建议其他检查或者行为方面改变（例如，多运动）：

好的，我会告诉他。你能写下来给我吗?

在无激励的情境下，如果医生手写处方单：

你能打印一个处方单吗?

如果医生问，药品开多长时间的：

一个月。

① 所有的医院要求在该院就诊的新患者填写一个简表，包括姓名、性别、出生日期和医疗保险信息。有些医院，患者先去一个特定的窗口办卡，然后去挂号窗口挂号。在别的医院，这两个步骤是一起的。

8 小微环境下的同群效应[①]

8.1 引　言

社交互动对于提升学习成绩非常重要。大多数有关中小学教育同群效应的研究将同群定义在班级或者学校层面上，研究学生是否受到班级或学校平均水平的影响。然而，Carrell 等（2013）进行的一项研究表明，学生在学校或者班级中会进一步分成很多子群体，那么，在学校或者班级层面上进行研究则会忽视这些子群体成员之间产生的相互影响。

本章通过在我国一所中学的七年级学生中进行随机安排座位来研究子群体内的同群效应对于其成员成绩的影响。同中国大部分学校一样，该年级学生的上课座位是固定的，不同老师在各教室轮流授课。实验中，按照学生的身高将学生排在教室的不同区域，而每个区域内的学生则随机安排座位。在区域内随机安排座位这种方法可以控制进入子群体的非随机选择影响，并且可以研究子群体内的同群效应。

研究结果发现，周围学生性别会影响一个人的成绩，但是对于男生和女生的影响不同。对于一名女生来说，周围有五名女生要比周围有五名男生的学习成绩提高 0.2~0.3 个标准差；对于一名男生来说，周围有五名男生要比周围有五名女生的学习成绩提高 0.1~0.3 个标准差。这个结果表明在班级中重新排座位的安排会带来收益提升。然而，周围学生的基准考试成绩则不会影响其他学生未来的成绩。

本章基于文献中一系列同群效应模型来分析本章的结果。本章的研究结果比较符合”boutique”模型——强调子群体同质性对收益的影响。同样，本章也讨论了其他影响机制，认为女生能提高其他女生学习成绩是合作学习的结果，而不是女生减少了捣乱行为的结果。

---

① 本章改编自 Lu 和 Anderson（2015）。

8.2 文献综述

大量的理论文献探讨了同群效应的不同模型（Epple and Romano，2011）。近年来，有学者进行了一系列班级或者学校层面的同群效应的实证研究（Hanushek et al.，2003；Angrist and Lang，2004；Arcidiacono and Nicholson，2005；Hoxby and Weingarth，2006；Lyle，2007；Ammermueller and Pischke，2009；Gould et al.，2009），还有另外一些学者从大学生生活安排的角度研究同群效应（Sacerdote，2001；Zimmerman，2003）。实证研究结果大部分都证实了同群效应的一些正溢出效应。然而，据我们所知，没有研究采用实验或者准实验的方法来估计教室内子群体中的同群效应。

一个与本章相关的文献显示了性别对同伴影响的研究。Morse（1998）和 Mael 等（2005）回顾了对比单一性别班级和男女混合班级的文献，一些研究发现单一性别班级能对学生带来积极影响，另一些研究则表明两种班级之间的学生表现没有很大差别。Hoxby（2002）、Lavy 和 Schlosser（2011）探究男女混合学校性别比例的外生冲击，发现女生比例高对于学生认知能力的提高有正向影响，但是，性别比例对于男女生的影响没有差别。Whitmore（2005）的研究表明，女生比例高的班级中的学生在幼儿园和二年级时学习成绩普遍较好，且对于男生和女生的影响是有差别的。

本章将同群效应的研究范围扩展到对子群体的同群效应研究上，发现在子群体中同样存在很强的同群效应。由于老师有安排班级分组的自主权，因而此研究结果具有相关的政策含义。例如，设置单一性别子群体比设置单一性别班级或者单一性别学校更易为人们所接受，因此，通过改变班级的座位安排来提高学习成绩将是一种低成本的方法。另外，本章的研究结果符合同质性同群效应模型，并排除了强调学生捣乱行为影响成绩的同群效应模型。尽管我们不能排除捣乱行为在其他条件下的重要性（Figlio，2007），但是，我们可以得出在本章的环境下，捣乱行为并不是影响同群效应的主要因素。

8.3 学校背景

本书在中国江苏的一所男女混合中学进行实验。同中国大部分的普通学校一样，学生在七年级开学时被随机安排到一个班级，并由不同的老师在不同班级轮流授课。该中学不是精英学校，没有苛刻的入学条件。

班级座位按行列划分，一张课桌坐 2 名学生，每一排有 4 张课桌，课桌与课桌之间留有过道，每个班级根据人数将座位划分为 6 排、7 排或者 8 排。所有学生都在其固定座位上课，这样便于老师发现逃课或者捣乱的学生。一个典型的教室安排如图 8.1 所示。

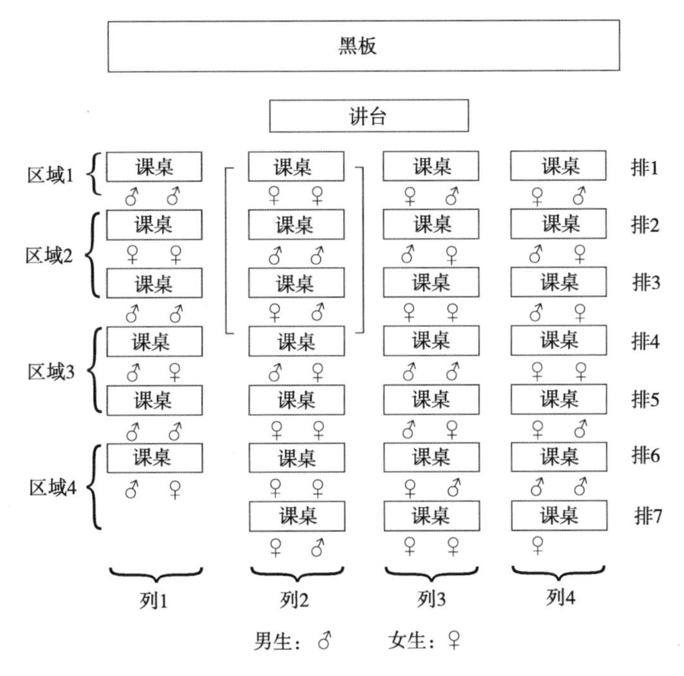

图 8.1　一个典型的教室安排

每班学生由班主任随机安排座位[①]，由于班级座位比较拥挤，高个子学生坐在前排会遮挡后排座位学生的视线，因此身高是一个被着重考虑的因素。在现实中，班主任会根据个人偏好安排座位。例如，一些班主任喜欢将同性别的学生安排在一张课桌上，也有一些班主任喜欢将不同性别的学生安排在一起，并且班主任随着对学生的了解逐渐加深，也会对座位进行调整。还有一些学生的家长可能会要求班主任将自己的孩子安排在前排或者与学习成绩较好的学生安排在一起。

每天的上课时间安排如下：30 分钟早读；上午 4 节课，下午 3 节课，每节 45 分钟；每天下午上完 3 节课后有一节 40 分钟的自习课或者体育课。大多数课上，学生必须坐在自己的座位上。上课期间不允许闲聊；自习课上学生自主学习，可

① 班主任是班级中负责安排班级事务、管教学生、联络家长和安排座位等的老师。

以低声与周围学生讨论问题。然而座位固定使得学生大多只能与周边的人交流。

相邻座位学生之间有很多相互交流的机会，因此，子群体成员不同会产生不同的影响。例如，同桌之间很容易交流，与相邻课桌的学生交流就比较困难——因为尽管学生可以隔着过道与其他列学生交流，但是为避免某些学生经常坐在角落里，班级经常会以列为单位轮换，因此隔着过道的两列学生之间就不是固定的安排。

由于班级以列为单位轮换，因此，我们以列划分子群体。第一子群体：同桌；第二子群体：周围四名学生（前排两名学生和后排两名学生）；第三子群体：周围5名学生，包括同桌和周围4名学生。对于坐在第一排和最后一排的学生，他们周围的学生（前排或后排的学生）比4个少。下面以第二排的学生1为例，第一子群体包括学生2，第二子群体包括学生3、学生4、学生5和学生6，第三子群体包括学生2~学生6。对学生3而言，由于没有前排，他的第二子群体仅包括学生1和学生2，第三子群体仅包括学生1、学生2和学生4。

本章选择的学校、座位安排和教师授课安排在中国具有代表性，但是该校的学生特征并不一定代表了中国学生的平均水平。表8.1呈现了2000年人口普查数据中的一些指标的统计量，将本章研究区域的家户与全国平均家户进行对比。由于本章研究的是一所城市中学，因此表8.1前两列对比了本章样本区域的城市家庭与全国的城市家庭。可以看出，本章研究的农村地区的受教育年限高于全国农村平均水平，但有自来水和有厕所的水平则比全国平均水平要低。尽管这些差距在统计上显著（不超过0.25个标准差），但是在数值大小上差别较小。表8.1后两列对比了本章样本区域的所有家庭和全国的所有家庭的情况，发现后两列中两者之间的差距比前两列的差距要小，这可能是后两列的样本较大造成的。另外，除了是否有厕所的差距以外，城乡差距大于本章研究区域和所有区域之间的差距，这表明城乡差距（而不是特定区域）将是影响本章结论推广的主要障碍。

表8.1　研究地区和所有地区的对比

变量	全国的城市家庭	样本区域的城市家庭	全国的所有家庭	样本区域的所有家庭
受教育年限/年	10.2	10.3	8.8	8.8
	（2.8）	（2.6）	（2.8）	（2.4）
≥9年的教育	0.87	0.91*	0.72	0.75*
	（0.33）	（0.28）	（0.45）	（0.44）
家庭规模	4.0	4.0	4.2	4.3
	（1.5）	（1.4）	（1.5）	（1.4）
是否有自来水（0/1）	0.77	0.75	0.40	0.42

续表

变量	全国的城市家庭	样本区域的城市家庭	全国的所有家庭	样本区域的所有家庭
	(0.42)	(0.44)	(0.49)	(0.49)
是否有马桶(0/1)	0.74	0.63	0.70	0.76*
	(0.44)	(0.49)	(0.46)	(0.43)
家庭样本量/户	16 864	51	53 300	186

*代表在5%的水平下显著不同于所有城市地区/所有地区的均值

注：数据取自2000年中国人口普查数据中的0.1%的样本；括号中数字是标准差

8.4 实验设计

在实验中，当地教育部门的一个研究团队按照笔者的要求随机安排学生的座位。在2009年秋季开学第一周，该研究团队收集了各个班级所有同学的姓名、性别和身高等基本情况。基本的座位安排过程如下：首先，将全班男女生按身高由低到高排列。其次，身高最低的前8名学生被安排在第1区域（第1排），接下来的16名学生被安排在第2区域（第2排和第3排），重复上述过程直到排完所有学生。身高超过169厘米的学生被安排在单独的一块区域。最后，产生一个随机序列，将每个区域内的学生随机安排座位；最后两块区域的规模随着班级学生数量及身高的不同而不同。这种方式排列座位，保证了较矮学生坐在较高学生的前排，由于在每个区域中随机安排座位，可能出现较高学生在较矮学生前面的情况，但是每个区域中的学生身高差别不大，因此不影响日常上课。本章所研究的中学里，男女生比例为1.27：1。由于七年级男女生身高差别不大，因此我们将4名男生和4名女生安排在第1区域，将9名男生和7名女生安排在第2区域（男女生比例为1.28：1），以此类推直到安排好所有学生的座位[①]。

一些学生可能因为近视或者父母游说被安排在某些特定的座位，为了提高座位安排的服从率，研究人员让班主任列出有特殊要求的学生名单（占班级总数的9%），这些学生被安排在前排或者中间座位[②]，剩下的学生则被随机安排座位。这样一来那些有特殊要求的同学的周围很可能也是有特殊要求的学生。这些有特殊要求的学生座位安排并不是随机的，因此我们将有特殊要求的学生的结果变量从分析中排除（但包含这些有特殊需求的学生并不影响我们的结论）。有特殊要求的

① 平均来说，男生比女生高0.4英寸（1英寸=2.54厘米）。

② 若名单上的学生在前四排，那么接下来他们会移动到同排中间位置；若名单上的学生在前五排，则接下来会移动到第四排中间位置；若在第五排以后，则接下来会移动到第五排。

学生会是其他学生的邻座，我们依然用这些学生的信息去构建其他学生的自变量。最后的座位安排方法可以概括如下：首先非随机安排一小部分学生的座位，其次随机安排剩余学生的座位①。需要注意的是，我们在所有的回归中都控制了同桌是否是有特殊要求的学生，以及周围的 4 名学生中有特殊要求的学生比例，来确保性别和基准考试成绩不是作为有特殊要求学生的代理变量。本章的结果在包含这些控制变量和不包含这些控制变量的情况下是稳健的。

研究人员要求班主任在实验中务必保证随机安排座位并且不要调整座位安排。然而老师并没有被给予经济激励，学生未被告知实验项目，老师有很大可能会调整座位，但是我们并没有系统性检验所谓安排的服从率。严格意义上来说，本章的实验结果代表意向处理（intent to treat）效应。

8.5 数　　据

本章在 2009 年秋季对七年级学生做了三次测试和两次调查，图 8.2 描述了实验研究的时间轴。开学第一周进行基准测试和基准调查。接下来，第二周随机安排座位（除非班主任进行调整）。为了避免期中和期末考试中出现作弊现象，同一个班的学生被分在 10 多个不同班级，并且每名学生周围都不可能有本班的学生，每个考场安排两名老师监考。实验后调查在期末考试刚结束时进行，此时学生的座位依旧是期末考试时的座位。由于考试和调查的座位安排和实验的座位安排不同，任何子群体间调查结果的相关性就不太可能来自考试或调查时的相互交流。

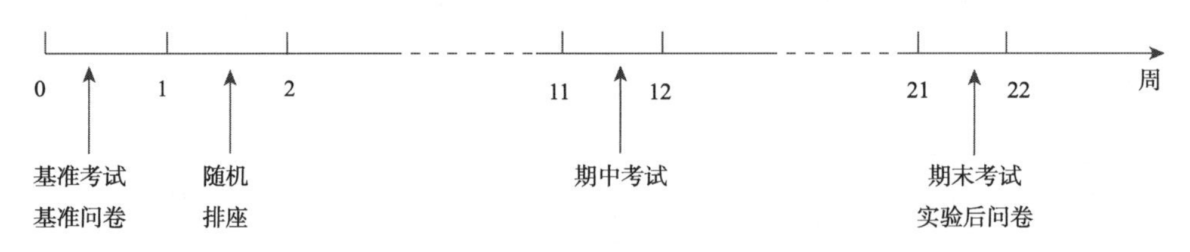

图 8.2　研究的时间轴

评分是被非常严格地执行的。教授相同课程的老师被分配批改该科目考试题目，因此同一题目通常由同一名老师批改，并且批改试卷时将学生姓名进行密封。基础测试中有 3 门考试：语文、数学和英语。期中和期末测试有 7 门考试：语文、数学、英语、政治、历史、地理和生物。3 门基础课程满分均为 150 分，其他 4

① 非随机安排座位使人担忧的是最初安排的位置与有特殊需求学生的某些特征相关，但是在我们控制了列固定效应以后依然不改变结果。

门课程满分均为 50 分。最后的考试成绩是 7 门课程期中和期末成绩的加总，标准化之后均值为 0，方差为 1[①]。图 8.3 为分性别的基准考试成绩的概率密度分布图，可以看出，考试成绩分布左偏，并且女生整体上成绩更高。期中成绩和期末成绩也有相似的分布。

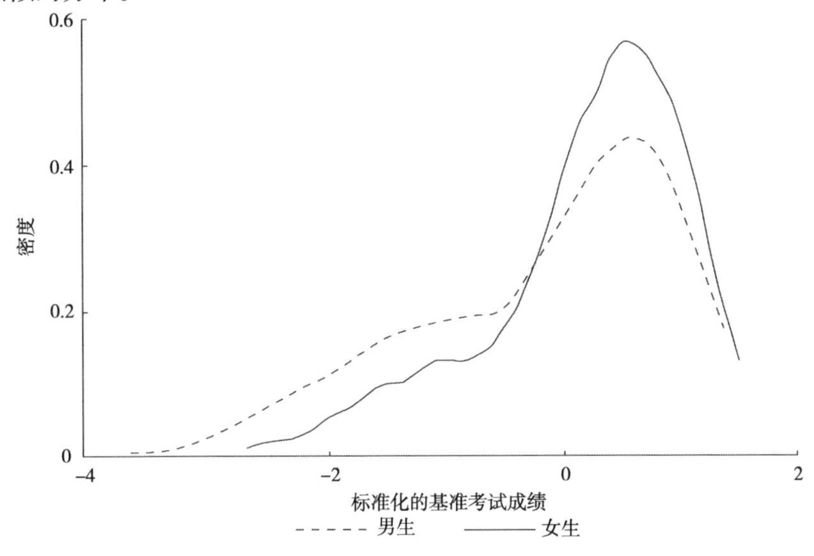

图 8.3 分性别的基准考试成绩的概率密度分布图

实线（虚线）代表了在样本里女孩（男孩）的标准化基线考试分数的内核密度曲线。考试分数被标准化，总体均值为 0，方差为 1。

除了行政性数据中包含的性别、身高、考试成绩外，调查数据还包含家庭背景、兴趣爱好和对同群效应的评估。表 8.2 中的 A 部分给出了基准调查的描述性统计结果，B 部分给出了实验后调查的描述性统计结果。

表 8.2 统计性描述

变量	样本量	均值	方差	最小值	最大值
A. 基准特征					
女生	682	0.43	0.5	0	1
基准考试成绩	680	0.00	1.00	−3.69	1.50
被关照的学生	682	0.09	0.29	0	1
身高/厘米	682	156.43	6.71	135	180
年龄/岁	655	12.47	0.55	10.17	14.75
在家中出生排序	680	1.42	0.75	1	7

① 单独分析期中成绩或者期末成绩，本章中所有的关键结果依然是稳健的。

续表

变量	样本量	均值	方差	最小值	最大值
父亲的受教育水平	650	11.65	3.04	3	19
母亲的受教育水平	647	10.84	3.07	3	19
对语文的兴趣（实验前）	643	4.02	0.81	1	5
对英语的兴趣（实验前）	638	3.93	1.05	1	5
对数学的兴趣（实验前）	643	4.05	0.85	1	5
B. 实验后特征					
期中考试成绩	675	0	1.01	−3.12	1.57
期末考试成绩	677	0.01	1.01	−2.83	1.66
换座位的意向	669	3.34	1.34	1	5
C. 同伴特征					
是否女生同桌	672	0.44	0.5	0	1
周围 4 名同伴中女生比例	682	0.44	0.27	0	1
周围 5 名同伴中女生比例	682	0.44	0.24	0	1
同桌的基准考试成绩	670	0.001	1	−3.69	1.5
周围 4 名同伴的平均基准考试成绩	682	−0.001	0.57	−2.33	1.31
周围 5 名同伴的平均基准考试成绩	682	0	0.5	−1.97	1.31

本章分析了三种子群体特征的影响：同桌、周围 4 名学生和周围 5 名学生。对于每一类型的子群体，我们构造了两种度量学生特征的方法：性别构成（同桌是否是女生或者在周围 4 名学生和周围 5 名学生中女生比例）；基准考试成绩。表 8.2 中 C 部分呈现了子群体学生特征的描述性统计。

8.6　实 证 框 架

Manski（1993）认为存在三类带来群体集聚结果的效应：相关效应、外生效应和内生效应。相关效应是指人们会自动选择与自己兴趣相投的人组成子群体，但是本章通过随机安排座位排除了相关效应。外生效应是指一个人的先天特征会影响子群体内其他成员的结果，本章就是探讨性别和基准考试成绩的外生效应。内生效应是一个人的结果会应影响子群体其他成员的结果，内生效应不适用于不变的特征——性别，但是适用于考试成绩。本章关注外生效应，但对内生效应也进行了测试，并发现没有显著的影响[①]。

传统上检验随机安排的方法是把 i 的特征回归到 i 的同伴特征上。如果随机化的安排是有效的，那么回归结果应该是不显著的。但是，抽样过程是无放回抽样，因此简单地进行双变量回归可能产生机械性负相关。例如，如果 i 是一名男生，那么可供随机选择的潜在同伴中就少了一名男生，因此他的同伴更有可能是一名女生。为了解决这个问题，我们控制可能成为 i 同伴的所有学生特征的均值。例如，在研究 i 的同桌的性别是否与 i 的性别相关的时候，我们控制所在区域中其他学生中的女生比例。这将消除机械性负相关。回归方程如下：

$$X_{i,cb} = a_1 \text{peer}_{i,cb} + a_2 \overline{\text{peer}}_{-i,cb} + \lambda_{cb} + \mu_{i,cb} \tag{8.1}$$

其中，$X_{i,cb}$ 是 c 班 b 区域的学生 i 的基本特征；$\text{peer}_{i,cb}$ 是 c 班 b 区域学生 i 的同桌、4 名同伴或者 5 名同伴的性别或者基准考试成绩；$\overline{\text{peer}}_{-i,cb}$ 是与 c 班 b 区域学生 i 处于相同的区域的其他学生基本特征的均值；λ_{cb} 是 c 班 b 区域的固定效应。

由于数据的聚类性质，方程（8.1）及本章其他的回归方程的统计推断十分复杂。班级内的结果之间可能存在相关性，并且周围 4 名学生的构造方法导致了 1 名学生周围可能是多名学生的同伴。一个解决办法是在班级层面上聚类，但是聚类群体个数太少（只有 12 个班级），可能会产生聚类标准误偏差。因此，我们利用随机化过程来进行置换检验。检验的样本仅来自随机化过程，因此可以产生多个样本，而不受数据间的依赖关系的影响（Rosenbaum，2007）。本质上讲，我们重新将实验进行 10 000 次，得到 t 分布。在不存在处理效应的原假设下，该分布可以用作统计推断。不同于基于 Bootstrap 的聚类方法（Cameron et al.，2008），置换检验结果在聚类样本少的情况下依旧有效。

为进行置换检验，我们首先根据初始排座位方式进行排列。在每一次置换排列中，首先根据座位排列和方程（8.1）计算 $\text{peer}_{i,cb}$；其次得到 10 000 次置换排列的 t 值，构造相应的经验 t 分布；最后比较真实的 t 值和构造的 t 分布。本章涉及的回归表格中括号里 p 值表示随机置换排列得到的 t 统计量大于真实 t 值的比例。

表 8.3 检验同伴是否是随机安排的。表 8.3 中呈现了同伴的性别比例（或考试成绩）对于学生 i 的先决特征的影响，同样控制区域的固定效应和同区域其他学生的性别（或考试成绩）的均值。每个单元格表示一个独立的回归，中括号中表示的是基于置换排列的 p 值。

---

① 内生效应导致 Manski 提到的“反射问题”（reflection problem），即较难识别到底是学生 i 影响学生 j，或者是反过来的。本章考虑外生效应，因此不存在此问题。

表 8.3 同伴特征和背景变量之间的关系

基准特征（因变量）	同伴指标（自变量）					
	女生同桌	周围 4 名同伴中女生比例	周围 5 名同伴中女生比例	同桌的基准考试成绩	周围 4 名同伴的平均基准考试成绩	周围 5 名同伴的平均基准考试成绩
女生	0.011	−0.103	−0.102	−0.003	0.023	0.023
	（0.028）	（0.068）	（0.085）	（0.006）	（0.018）	（0.021）
	[0.700]	[0.315]	[0.263]	[0.626]	[0.227]	[0.306]
基准考试成绩	0.038	0.086	0.166	0.020	−0.118	−0.135
	（0.038）	（0.095）	（0.130）	（0.018）	（0.084）	（0.117）
	[0.557]	[0.391]	[0.235]	[0.302]	[0.185]	[0.290]
身高/厘米	0.166	0.487	0.772	−0.079	0.155	0.119
	（0.195）	（0.675）	（0.744）	（0.103）	（0.236）	（0.276）
	[0.656]	[0.497]	[0.328]	[0.474]	[0.539]	[0.679]
年龄/岁	−0.069	0.022	−0.071	−0.018	0.033	0.008
	（0.029）	（0.098）	（0.115）	（0.027）	（0.041）	（0.041）
	[0.038]	[0.824]	[0.557]	[0.520]	[0.448]	[0.855]
在家中出生排序	−0.124	−0.102	−0.258	0.002	−0.123	−0.130
	（0.057）	（0.139）	（0.135）	（0.032）	（0.063）	（0.071）
	[0.049]	[0.486]	[0.085]	[0.956]	[0.074]	[0.109]
父亲的受教育水平	0.164	0.398	0.743	−0.139	0.179	0.027
	（0.321）	（0.609）	（0.646）	（0.144）	（0.210）	（0.328）
	[0.799]	[0.537]	[0.280]	[0.351]	[0.412]	[0.938]
母亲的受教育水平	−0.059	0.658	0.671	−0.040	−0.140	−0.170
	（0.206）	（0.328）	（0.313）	（0.085）	（0.281）	（0.329）
	[0.778]	[0.076]	[0.062]	[0.652]	[0.629]	[0.625]
对语文的兴趣（实验前）	0.056	0.022	0.071	−0.060	0.063	−0.013
	（0.068）	（0.153）	（0.131）	（0.032）	（0.046）	（0.047）
	[0.461]	[0.889]	[0.616]	[0.089]	[0.209]	[0.788]
对英语的兴趣（实验前）	0.126	−0.133	0.008	−0.046	−0.035	−0.095
	（0.068）	（0.152）	（0.160）	（0.033）	（0.062）	（0.065）
	[0.113]	[0.407]	[0.956]	[0.199]	[0.611]	[0.171]
对数学的兴趣（实验前）	−0.065	−0.075	−0.162	−0.007	0.011	−0.005
	（0.045）	（0.119）	（0.125）	（0.021）	（0.093）	（0.104）
	[0.162]	[0.544]	[0.225]	[0.747]	[0.916]	[0.964]
是否有缺失值	0.009	−0.023	−0.020	0.011	−0.016	−0.002
	（0.035）	（0.050）	（0.072）	（0.016）	（0.044）	（0.040）
	[0.867]	[0.655]	[0.790]	[0.505]	[0.722]	[0.966]

注：每一个单元格表示一个独立的回归。i 行 j 列的单元格报告了将第i行的因变量回归到第j列的同伴特征的结果。将有特殊要求而没有被随机安排座位的学生排除在外。所有的回归都控制了同一区域的其他学生的性别比例和基准考试成绩均值。圆括号里是聚类到班级的标准误，中括号里面是基于置换排列的 p 值

表 8.3 接下来检验学生 i 的基本特征（身高、年龄、在家中出生排序、父母的受教育程度和对语文、数学、英语的兴趣等）与同伴性别或者同伴的基准考试成绩的相关性，结果表明均无显著相关性。表 8.3 中的 66 组检验结果中，只有年龄和同桌性别、在家中出生排序和同桌性别在显著性水平为 5%时是显著的（p=0.04 和 p=0.05）[①]。为了保守估计，我们在接下来的所有回归中控制了基本特征，我们的结论并不受这些变量加入的影响。此外，我们对性别进行分样本回归，发现基本特征与三组同伴的性别及基准考试分数之间依然没有显著的相关性。

表 8.3 最后一行显示了损耗和同伴性别或者同伴基准考试成绩之间的相关性。主要回归中有 14%的损耗率，这些损耗大多来自协变量观察值的缺失而非实验结果缺失（期中成绩损耗率为 1%，期末成绩损耗率为 0.6%）。由于座位安排不太可能影响协变量的损耗，所以我们预期这些损耗是随机发生的。事实上，最后一行也证明样本损耗和同伴的性别及基准考试分数之间没有相关性。

8.7 实证结果

8.7.1 同伴对学习成绩的影响

给定区域内座位的随机化安排，我们估计同群效应的主要影响。回归方程如下：

$$Y_{i,cb} = \beta_1 \text{peer}_{i,cb} + \gamma X_{i,cb} + \lambda_{cb} + e_{i,cb} \tag{8.2}$$

其中，结果变量 $Y_{i,cb}$ 是 c 班 b 区域学生 i 的标准化后的期中成绩和期末成绩之和；$\text{peer}_{i,cb}$ 是 c 班 b 区域学生 i 的同桌或者 4 名同伴的性别或者基准考试成绩；$X_{i,cb}$ 是学生 i 的所有背景特征（性别、基准考试成绩、身高、年龄、在家中出生排序、父母受教育水平，以及对语文、数学、外语的兴趣），学生 i 的同桌是否是有特殊要求的学生及在其周围 4 名同伴中有特殊要求学生所占的比例[②]；λ_{cb} 是子群体区域固定效应。同 8.6 节，根据置换检验进行统计推断。

表 8.4 显示了方程（8.2）的回归结果，每一列代表一个单独的回归。第（1）列汇报了同桌是否为女性对于成绩的影响（控制变量同上），结果表明女同桌可以提高 0.07 个标准差的学习成绩（标准误 se=0.027）。第（2）列汇报了同桌的基准考试成绩对个人考试成绩的影响，结果表明同桌的基准考试成绩不影响考试成绩

① 随机过程在数据收集之前完成，因此，我们不能像与大多数随机实验一样不断重复随机过程来使得所有的协变量平衡测试都不显著。

② 排除性别和基础测试成绩以外所有的特征变量并不影响结论。

（效果是 0.018 标准差，se=0.02）。第（3）列在第（1）列的基础上加入周围 4 名学生中女生比例。第（4）列在第（2）列的基础上加入周围 4 名同伴的平均基准考试成绩。加入这些变量后，并没有影响同桌性别或者同桌基准考试成绩的系数。这是因为在随机安排座位下，同桌和周围 4 名学生不存在相关性。周围 4 名同伴中女生比例和平均基础测试分数的系数均为正值（分别是 0.030 和 0.039），但是在统计意义上不显著。

表 8.4　同伴性别和基准考试成绩对考试成绩的影响

同伴特征（自变量）	因变量：考试成绩（期中+期末）				
	（1）	（2）	（3）	（4）	（5）
女生同桌	0.070		0.071		0.065
	（0.027）		（0.027）		（0.028）
	[0.024]		[0.023]		[0.039]
同桌的基准考试成绩		0.018		0.019	0.012
		（0.018）		（0.019）	（0.019）
		[0.344]		[0.343]	[0.548]
周围 4 名同伴中女生比例			0.034		0.018
			（0.085）		（0.082）
			[0.702]		[0.840]
周围 4 名同伴的平均基准考试成绩				0.039	0.034
				（0.030）	（0.031）
				[0.219]	[0.299]

注：观察值 N=532。每一个单元格表示一个独立的回归。将有特殊要求而没有被随机安排座位的学生排除在外。所有的回归都控制了基础测试分数、身高、年龄、在家中出生排序、父母受教育程度，以及对语文、英语、数学的兴趣，同桌是否是有特殊要求的学生及周围 4 名同伴中有特殊要求学生所占的比例。圆括号里是聚类到班级的标准误，中括号里是基于置换排列的 p 值

第（5）列同时加入 4 个变量：同桌性别、同桌的基准考试成绩、周围 4 名同伴中女生比例和周围 4 名同伴的平均基准考试成绩。回归结果中只有同桌性别的回归系数显著，并且其大小并不受同桌或者周围 4 名同伴的平均基准考试成绩的影响。因此，我们可以排除周围学生基础测试分高对学生成绩具有重要影响。例如，我们可以拒绝这样的一些假设："当同桌的基准考试成绩增加 1 个标准差，能够提高学生 i 的成绩 0.05 个标准差"，或者"当学生 i 周围 4 名同伴的基础测试增加 1 个标准差，能提高学生 i 的成绩 0.1 个标准差"。

8.7.2 异质性处理效应

如果同伴性别对于所有学生的考试成绩有相同的影响，那么就很难通过排座位来提高成绩。因此，我们更加关心异质性处理效应，这样才能通过重排座位来提高整体的学习成绩。表 8.5 中 A 部分的列（1）和列（2）分别显示了同伴性别比例和基准考试成绩对于女生和男生的影响。同桌性别的回归系数为正值，但是在男生组和女生组中都不显著（se=0.029 和 se=0.061）。对于女生组来说，周围 4 名同伴中女生比例高能显著提高该女生的成绩（0.182，se=0.073）；对于男生来说，周围 4 名同伴中女生比例对于成绩为负向影响但不显著（–0.152，se=0.114）。因此，我们可以排除周围有 4 名女生对男生考试具有重要积极的影响。例如，我们可以拒绝以下假设："把一名男生从周围 4 名男生的环境中换到周围 4 名女生的环境中将会使其成绩提高 0.07 个标准差"。同桌的基准考试成绩和周围 4 名同伴的平均基准考试成绩对男女生的成绩影响都很小且均不显著。列（3）汇报了男女生两组回归系数差别，标准误来自混合回归（所有自变量与是否为女性交互），结果表明周围是女生对于男女生的影响差别很大且显著（0.334 标准差，se=0.128），而其他的差别在统计上都是不显著的。

表 8.5 同伴性别和基准成绩对女生和男生成绩的分别影响

同伴特征（自变量）	因变量：考试成绩（期中+期末）		
	女生样本	男生样本	女生/男生系数差异
	（1）	（2）	（3）
A. 同桌和周围 4 名同伴的回归			
女生同桌	0.029	0.061	–0.032
	（0.042）	（0.053）	（0.059）
	[0.514]	[0.286]	[0.651]
同桌的基准考试成绩	0.034	0.005	0.029
	（0.016）	（0.035）	（0.040）
	[0.057]	[0.889]	[0.460]
周围 4 名同伴中女生比例	0.182	–0.152	0.334
	（0.073）	（0.114）	（0.128）
	[0.033]	[0.221]	[0.027]

续表

同伴特征（自变量）	因变量：考试成绩（期中+期末）		
	女生样本	男生样本	女生/男生系数差异
	（1）	（2）	（3）
周围 4 名同伴的平均基准考试成绩	–0.023	0.089	–0.112
	（0.061）	（0.063）	（0.105）
	[0.711]	[0.203]	[0.228]
B. 周围 5 名同伴的回归			
周围 5 名同伴中女生比例	0.211	–0.121	0.332
	（0.076）	（0.139）	（0.132）
	[0.021]	[0.408]	[0.057]
周围 5 名同伴的平均基准考试成绩	0.012	0.101	–0.089
	（0.060）	（0.084）	（0.120）
	[0.838]	[0.260]	[0.406]
样本量	245	287	

注：每个面板中，每一列表示因变量对面板中列出的同伴基础特征的单独回归。将有特殊要求而没有被随机安排座位的学生排除在外。所有的回归都控制了基础测试分数、身高、年龄、在家中出生排序、父母受教育程度，以及对语文、英语、数学的兴趣，同桌是否是有特殊要求的学生及周围 4 名同伴中有特殊要求学生所占的比例。圆括号中是聚类到班级的标准误。女生组和男生组系数差异的标准误来自每一个自变量与是否为女性的指标交互后的混合回归。中括号中是基于置换排列的 p 值

对比同桌和周围学生的影响时，我们并不能拒绝“两种类型的同伴能产生类似的影响”的假设。如果周围 4 名同伴和同桌产生的影响是相同的，那么周围 4 名同伴中女生比例的回归系数将会是同桌是否为女生的回归系数的 4 倍。我们可以看到，在列（1）中周围 4 名同伴中女生比例的回归系数是同桌是否为女生的回归系数的 6.3 倍。这意味着，对于 1 名女生来说，周围 4 名女生中的 1 名女生对其产生的影响是女同桌的 1.5 倍。但是我们不能排除这一比例等于 1 的可能性。列（2）中显示，对于一名男生来说，周围 4 名同伴中女生比例和同桌是否为女生这两个变量的系数符号相反，但都不显著。由此可知，我们不能拒绝“周围 4 名同伴中女生比例的回归系数是同桌是否为女生的回归系数的 4 倍”的假设。

为了考察同桌和周围 4 名同伴的综合影响，B 部分显示了周围 5 名同伴（包括周围 4 名同伴和同桌）的共同影响。列（1）表明周围全是女学生对女生为正向影响且显著（0.211 标准差，se=0.076），这个估计结果表明，把一名女生从周围是男生的环境中换到周围是女生的环境中将会使成绩大约提高 0.2 个标准差。然而，列（2）表明周围是女生对男生为负向影响且不显著（–0.121 标准差，se=0.139），并且周围 5 名同伴的平均基准考试成绩对男女生成绩都没有显著影响（对于女生

是 0.012 标准差的影响，对于男生是 0.101 标准差的影响）。

B 部分列（3）中，周围女生比例对于男女生影响的差为 0.332 个标准差（se=0.132），这意味着当把一个周围都是男生的女生 i 和一个周围都是女生的男生 j 交换座位，将会增加这两名学生的平均成绩 0.166 个标准差（0.332 的 1/2）。列（1）和列（2）回归系数表明周围学生女生比例对于女生的影响大对于男生的影响，但我们不能拒绝男女生可以从同性别同伴中获得相同收益这个假设。

表 8.6 给出了同伴性别和基准考试成绩对于高分学生和低分学生的影响。A 部分给出了同桌及周围 4 名同伴对于高分学生和低分学生的影响。A 部分中第（1）列为高分学生（基准考试成绩高于中位数的学生）样本的回归结果，所有的系数大小接近于 0 且在统计上不显著。而第（2）列为低分学生（基准考试成绩低于中位数的学生）样本的回归结果，结果发现只有同桌为女生的系数显著为正值（0.104 个标准差，se=0.048）。第（3）列显示了对高分学生和低分学生影响的差异，结果表明两者之间的差异不显著①。

表 8.6　同伴性别和基准考试成绩对高分学生和低分学生的影响

同伴特征（自变量）	因变量：考试成绩（期中+期末）		
	高分学生样本（1）	低分学生样本（2）	高分/低分系数差异（3）
A. 同桌和周围 4 名同伴的回归			
女生同桌	0.025	0.104	–0.079
	（0.043）	（0.048）	（0.074）
	[0.578]	[0.057]	[0.245]
同桌的基准考试成绩	0.001	0.016	–0.015
	（0.022）	（0.025）	（0.027）
	[0.965]	[0.542]	[0.660]
周围 4 名同伴中女生比例	0.031	–0.114	0.145
	（0.053）	（0.141）	（0.128）
	[0.576]	[0.457]	[0.362]
周围 4 名同伴的平均基准考试成绩	0.020	0.065	–0.045
	（0.032）	（0.063）	（0.066）

① 加入基础测试成绩和同伴性别的交互项，以及基础测试成绩和同伴基础测试成绩的交互项以后，结果依然稳健。

续表

同伴特征（自变量）	因变量：考试成绩（期中+期末）		
	高分学生样本（1）	低分学生样本（2）	高分/低分系数差异（3）
	[0.548]	[0.337]	[0.540]
	B. 周围 5 名同伴的回归		
周围 5 名同伴中女生比例	0.045	–0.026	0.071
	（0.082）	（0.152）	（0.144）
	[0.604]	[0.870]	[0.691]
周围 5 名同伴的平均基准考试成绩	0.032	0.071	–0.039
	（0.042）	（0.072）	（0.079）
	[0.470]	[0.358]	[0.653]
样本量	267	265	

注：每个面板中，每一列表示因变量对面板中列出的同伴基础特征的单独回归。将有特殊要求而没有被随机安排座位的学生排除在外。所有的回归都控制了基础测试分数、身高、年龄、在家中出生排序、父母受教育程度，以及对语文、英语、数学的兴趣，同桌是否是有特殊要求的学生及周围 4 名同伴中有特殊要求学生所占的比例。圆括号中是聚类到班级的标准误。女生组和男生组系数差异的标准误来自每一个自变量与基准考试成绩是否为高分的指标交互后的混合回归。中括号中是基于置换排列的 p 值

B 部分显示了周围 5 名同伴整体的性别比例和平均基准考试成绩对于高分学生和低分学生的影响。结果发现，无论是高分组还是低分组，同伴的性别及基准考试成绩的系数都不显著。列（3）汇报了高分组和低分组的系数差异，这些差异都很小且不显著。因此，我们可以拒绝以下假设："周围 5 名同伴的平均基准考试成绩对于成绩较好的学生的成绩影响比成绩较差的学生成绩至少高出 0.1 个标准差"。这意味着，在周围 5 名学生情况下，按成绩排座位不能带来正效应，即高分学生对于其他高分学生的帮助并不会多于其对于低分学生的帮助。

8.8 稳健性检验

8.8.1 除去第一排学生和最后一排学生

考虑到第一排和最后一排学生的前排或者后排没有学生，他们周围的学生不足 4 名或者 5 名。如果周围学生对中心学生的影响随着周围学生规模的增大而增

大，那么加入第一排和最后一排的学生将会低估我们的结果。根据表 8.7，在除去第一排和最后一排后，周围同伴对男生和女生的影响都增加。对于女生来说，将其从周围全是男生环境中换到周围全是女生的环境中［见 B 部分列（1）的系数］会增加 0.286 个标准差（se=0.090）；对于男生来说，将其从周围全是男生的环境中换到周围全是女生的环境中会降低 0.315 个标准差（se=0.166），这些影响都是显著的，说明男生也能从同性别同学中获得成绩提升。

表 8.7　同伴性别和基准考试成绩对女生和男生成绩的分别影响（第一排和最后一排去掉）

同伴特征 （自变量）	因变量：考试成绩（期中+期末）		
	女生样本	男生样本	女生/男生系数差异
	（1）	（2）	（3）
A. 同桌和周围 4 名同伴的回归			
女生同桌	0.040	0.031	0.009
	（0.067）	（0.067）	（0.083）
	[0.573]	[0.665]	[0.927]
同桌的基准考试成绩	0.028	0.004	0.024
	（0.027）	（0.037）	（0.048）
	[0.328]	[0.916]	[0.608]
周围 4 名同伴中女生比例	0.257	–0.320	0.577
	（0.075）	（0.134）	（0.113）
	[0.005]	[0.043]	[0.002]
周围 4 名同伴的平均基准考试成绩	–0.063	0.088	–0.151
	（0.066）	（0.072）	（0.113）
	[0.370]	[0.262]	[0.146]
B. 周围 5 名同伴的回归			
周围 5 名同伴中女生比例	0.286	–0.315	0.601
	（0.090）	（0.166）	（0.150）
	[0.010]	[0.093]	[0.007]
周围 5 名同伴的平均基准考试成绩	–0.017	0.097	–0.114
	（0.072）	（0.083）	（0.119）
	[0.822]	[0.278]	[0.312]
样本量	171	205	

注：每个面板中，每一列表示因变量对面板中列出的同学基础特征的单独回归。将第一排和最后一排的学生、有特殊要求而没有被随机安排座位的学生排除在外。所有的回归都控制了基础测试分数、身高、年龄、在家中出生排序、父母受教育程度，以及对语文、英语、数学的兴趣，同桌是否是有特殊要求的同学及周围 4 名学生中有特殊要求学生所占的比例。圆括号中是聚类到班级的标准误。女生组和男生组系数差异的标准误来自每一个自变量与是否为女性的指标交互后的混合回归。中括号中是基于置换排列的 p 值

8.8.2 前排、后排学生对于男生和女生成绩的影响

表 8.8 显示了前排、后排学生（包括前排两名学生和后排两名学生）对男生和女生成绩的影响。列（1）为女生样本，回归结果表明：对于女生来说，前排也是女生而不是男生会显著提高其考试成绩（0.162，se=0.058），后排为女生对其成绩也有正向影响，但影响不显著（0.066，se=0.059）。列（2）为男生样本，回归结果表明：对于男生来说，前排为女生对男生的考试成绩为负向影响但是不显著（–0.112，se=0.077）；后排为女生对男生的考试成绩影响也为负向且显著（–0.191，se=0.058）。然而，前后排学生的平均基准考试成绩对男生和女生成绩影响均不显著。

表 8.8 前排、后排学生对男生和女生成绩的影响

同伴特征 （自变量）	因变量：考试成绩（期中+期末）		
	女生样本	男生样本	女生/男生系数差异
	（1）	（2）	（3）
前排女生比例	0.162	–0.112	0.274
	（0.058）	（0.077）	（0.068）
	[0.019]	[0.190]	[0.001]
前排学生平均基准考试成绩	–0.066	0.041	–0.107
	（0.043）	（0.037）	（0.063）
	[0.154]	[0.307]	[0.114]
后排女生比例	0.066	–0.191	0.257
	（0.059）	（0.058）	（0.070）
	[0.290]	[0.009]	[0.001]
后排学生平均基准考试成绩	–0.007	0.053	–0.059
	（0.049）	（0.049）	（0.076）
	[0.893]	[0.316]	[0.452]
样本量	180	215	

注：每一列表示因变量对面板中列出的同伴基础特征的单独回归。学生 i 的前（后）桌学生是指坐在学生 i 前（后）排的两名学生。将没有被随机安排座位的有特殊要求的学生排除在样本外。所有的回归都控制了基础测试分数、身高、年龄、在家中出生排序、父母受教育程度，以及对语文、英语、数学的兴趣，同桌是否是有特殊要求的学生及周围 4 名同伴中有特殊要求学生所占的比例。圆括号中是聚类到班级的标准误。女生组和男生组系数差异的标准误来自每一个自变量与是否为女性的指标交互后的混合回归。中括号中是基于置换排列的 p 值

列（3）汇报了男生组和女生组的系数差异。结果表明：前排、后排是女生对于男女生影响的差异很大且显著。前排是女生对于女生成绩的影响比前排是女生对男生成绩的影响大 0.274 个百分点（se=0.068）；后排是女生对于女生成绩的影响比后排是女生对男生成绩的影响大 0.257 个百分点（se=0.070）。因此，前排是女生的情况下能显著提高女生成绩，而后排是男生则能显著提高男生成绩。

8.9 讨　　论

本章的实验结果表明，同性别环境能提高学生（尤其是女生）的成绩，但这些简约型估计却不能揭示同群效应的形成机制和影响机制。我们不可能仅用一个模型来否定其他模型，相比之下，在以往文献中提出的众多模型中，“boutique”模型能够很好地解释本章的结果。此外，我们还排除了一个看似也能解释本章结果的“捣乱学生”模型。

8.9.1 三种同群效应模型

Hoxby 和 Weingarth（2006）在学校间安排学生的情境下讨论了一系列非正式同群效应模型。本章将对他们的观点进行归纳概括，并尽可能与文献中的正式模型联系起来。

第一类模型认为成绩是同伴均值特征的函数。最简单的是 linear-in-means 模型，研究同伴特征均值对于成绩的线性影响。该模型是 Arnott 和 Rowse（1987）提出的同群效应模型的一种特殊形式，更一般的形式是同伴特征均值对于成绩影响的非线性关系模型①。由于该模型假定同群效应是同质的并且同伴特征均值对于成绩的影响是线性的，因此 linear-in-means 模型认为同伴的组成结构并不会提升总体的成绩，而更一般形式的 Arnott and Rowse 模型则认为同伴可能提升总成绩，这取决于函数的凹凸性。

第二类模型放宽了同群效应全靠均值的假设，认为一名好（坏）学生对其他学生的影响，是无论多少其他坏（好）学生都不能抵消的。两个经典的模型是“bad apple”模型和“shining light”模型，前者认为一名坏学生会打扰到周围所有学生，而后者认为一名好学生会成为其他学生的榜样，使其他学生变得更好。Lazear（2001）通过假设每名同学有概率 p 的可能性干扰到周围学生，从而用公式给出“bad apple”模型。该模型认为群体越小成绩越好，并且如果每位学生 p 大小不同，那么按照 p 的不同将学生进行分组会使总体成绩最大化。

第三类模型关注组间异质性。“Boutique”模型认为，一个人在同类人群中能获得更好提升，一方面是因为同类人之间更方便互相帮助，另一方面是因为

① 另一种模型为“invidious comparison”模型，在这种模型中，由于成绩高的学生会对成绩低的学生造成自尊心上的打击，学生 i 的成绩与同伴成绩呈负相关关系。但是本章没有发现支持该模型的证据。

同类人群便于老师因材施教。“Focus”模型是指，即使一个人在一个与其不属于同类的人群中，由于组内的部分同质性会形成协同学习效应，这个人也会受此影响而提高成绩。“Single-crossing”模型认为组内同质性会提高总体成绩，但只是因为高水平的人更多地帮助高水平的人而不是低水平的人。因此，当高水平组带来的效益提高超过低水平组的效益下降时，再分组便不是帕累托改进。与前面的模型相反，“rainbow”模型认为组内多样性可以提高学生成绩，这可能来自不同思想相互碰撞。Epple 等（2002，2003）提出了一个类似的正式模型，这个模型表明，如果一名学生的同伴在社会各个领域工作，那么这名学生更有可能在工作中取得成功。但是，这种异质性收益只有当学生进入劳动力市场后才变得明显。

8.9.2 关于同群效应模型的实证支持

本部分探讨本章实证结果符合哪一个模型。基于回归结果，我们认为性别（而不是基准考试成绩）对于成绩有影响。我们主要的识别策略应用了 linear-in-means 模型：学生 i 的成绩是周围学生女生比例及周围学生平均基准考试成绩的函数。然而，与基本的 linear-in-means 模型不同的是，我们允许性别和平均基准考试成绩对不同人的影响存在差异，因此本章的识别结果并不局限于同伴对整体成绩的净效用为零。我们的主要结果显示女生能从女同伴中获益，但是对于男生来说效果不显著。我们还检验性别对成绩的影响是线性的还是非线性的，然而并没有发现很强的非线性关系。

鉴于男女生行为间存在差异，用“bad apple”模型或者 Lazear 的捣乱学生模型貌似可以解释本章的结论。这些模型认为，女生比较规矩，因此周围是女学生的情况下将会带来成绩的提高。但是本章的实验结果证明并非如此。如果周围是男生会降低学习成绩是因为男生更爱捣乱，那么不论是一名男生还是一名女生，其周围是男生都会使其成绩下降。然而，我们的实验结果显示：当一名男生周围是男生时会对成绩提高有促进作用。同样地，我们的结果也不符合“shining light”模型。如果女生比较踏实，对周围学生学习成绩有促进作用，那么不论是对男生还是女生来说，周围是女生都将促使他们成绩提升，但是我们的实验结果不是这样。

对于“捣乱学生”模型的另外一种解释是，影响学生 i 成绩的并非是周围捣乱学生的比例而是周围捣乱学生的数量。为了检验该猜测，本章采用两种方法：一是学生 i 的成绩是周围 5 名同学中男生比例的函数；二是学生 i 的成绩是周围 5 名学生中男生数量的函数。如果捣乱模型是成立的，那么我们将得到后者比前者的解释力度更大的结果。然而，结果是相反的，对男生来说，方法一回归偏 $R^2=0.005$，方法二回归偏 $R^2=0.004$；对女生来说，方法一回归偏 R^2=0.220，方法二回归偏 $R^2=0.012$。因此，我们没有发现支持“捣乱学生”模型[①]的证据。

组内异质性模型与本章的结果最相符。由于本章的结果表明组内异质性会降低成绩，女生坐在女生周围会提高成绩，男生坐在男生旁边也会稍微提高成绩。因此本章的结论与“rainbow”模型不相符。本章结论也与“single-crossing”模型不相符。“single-crossing”模型认为对于男女生来说，周围是女生的情况下都会使其成绩提高，尤其是对于女生来说成绩提高更明显；将男女生分开，会提升女生整体成绩并降低男生整体成绩，但总成绩会提高。但是我们的结果并没有发现男女生分开会使得男生的成绩降低，相反，男女生分开使得男生成绩提高。

本章的结论最符合“boutique”模型和“focus”模型，这两个模型都认为将男女生分开能带来收益。然而，这两个模型有类似的预测，因此区分这两个模型是很困难的。但是这两个模型中唯一的区别是，“focus”模型认为即使一个人在一个与其不属于同类人群中，也会受同质性产生的协同学习效应的影响而提高成绩。为了区分这两种模型，本章进行了两种识别：一是学生 i 的成绩是周围 5 名同学中女生比例的函数；二是学生 i 的成绩是周围 5 名学生及学生 i 各自是否为女性指标的标准差的函数。如果组内同质能获益是因为协同学习效应而不是因为性别，那么后者将比前者更有说服力。例如，第二种识别下，一个女生周围全是男生将比其周围只有一半男生成绩更好，用“focus”模型解释为前者比后者有更多的组内同质性。然而事实上，结果并不如此。对于男生来说，第一种回归的偏 R^2=0.005，第二种回归的偏 R^2=0；对于女生来说，第一种回归的偏 R^2=0.022，第二种回归的偏 R^2=0.007。因此，我们只能认为结果符合“boutique”模型。

尽管本章的结果表明，分组能够带来成绩提升，但是根据 Eppleet 等的模型，这种现在的收益可能是以未来的成本为代价的。Eppleet 等的模型认为同群效应只有在劳动力市场才能发挥作用，且当一个学生曾经有和在不同领域工作的同伴一起合作过的经历，这个学生会更可能取得成功。因此，分组尽管提高了认知技能，但可能阻碍了非认知技能的发展。虽然这些猜测还未获得证实，但是当我们权衡分组的利弊时不能忽略这个问题。

① 当然，我们并不能排除其他可能的解释。周围 5 名学生中男生的数量和周围 5 名学生中男生的比例不是线性关系的唯一原因是教室最前排和最后排只有 3 名学生。但是，前排（后排）学生比中间学生身高低（高）。或许模型中加入男生数量是正确的，但是身高（或者其他与身高相关的特征）影响了同伴效应的大小，因此加入男生比例的模型更为合适。尽管我们认为这种解释是不可能的，但是我们没有足够的证据否定它。

8.9.3 同群效应下的影响机制

尽管我们的结果与“boutique”模型最为相符，但是该模型的影响机制有多种。在以班级为研究对象的情况下，存在三种机制：①老师会针对不同学生（男女生）制订教学计划和教学材料；②同性别组能减少捣乱行为；③同性别组能增加协同学习行为。

与传统的以班级为研究对象的同群效应的文献不同，本章在子群体环境下排除机制①的影响，因为老师不可能对 10 个完全不同的子群体单独制订课程计划。我们也很难找到支持机制②的证据（即“focus”模型，前文中已经证明本章的结论与之不符）。机制③看起来是比较符合本章结论的机制。

为了验证同性别组是否有协同学习效应，我们进行了最终调查。最终调查包含了许多有关被调查者和其同桌之间关系的问题，包含以下三个问题：①与同桌交流的频率；②保持自己现有座位的意愿；③上课专心程度。回归结果没有呈现，但主要有四个结论：

第一，将 1 名女生从周围 4 名男生的环境中换到周围有 4 名女生的环境中会降低其与同桌交流频率 0.4 个标准差（se=0.15）。最直观的解释是，1 名女生周围都是女生的时候，她们会有更多交流，从而与同桌的交流相应减少。然而由于问卷中并没有询问与周围 4 名同伴交流的情况，无法检验该解释。

第二，男生与女同桌之间的交流比与男同桌交流的频率少（–0.21 个标准差，se=0.09）。这个结果符合组内同质性能增加交流这个猜想，但是无法解释为什么男生没有从男同桌中获益。

第三，如果 1 名女生的同桌是女生，那么这名女生有更强的愿望保持原座（0.28 个标准差，se=0.13）。这说明女生更愿意与女生坐在一起，但是对周围 4 名学生性别比例的研究未发现相同的结论。

第四，调查结果中显示，男生和女生并不认为周围是女生能提高其专心程度。这进一步说明“捣乱学生”模型与本章结果不一致。

总体来说，这份问卷结果显示同性别子群体确实能够通过协同学习行为来提高成绩。但本章还存在以下两个缺陷：统计效度有限，得出的结果不是完全一致的。此外，问卷并未涉及与周围 4 名学生的互动情况。

尽管实验有缺陷，但是协同学习行为对同桌与周围 4 名学生的影响差异提供了一个可能的解释。表 8.5 和表 8.7 的 A 部分回归结果显示女生能在周围 4 名女生的环境中获得自我提升，男生能在周围 4 名男生的环境中获得自我提升，但是同性别的同桌对其影响都不显著。从某种意义上而言，与同桌交流是无法避免的、被动的，但是与周围学生的交流是自主的，更加依赖于同伴关系的质量。因此，如果同性别的学生更可能一起交流，那么与周围同性别的学生交流就会比同性别的同桌交流获得更大提升。

由于本章研究对象正处于青春期（10~14 岁），因此他们对于异性的兴趣比较浓厚，异性之间会讨论较多的非学术性问题，在这种情况下将不会产生捣乱行为，但是与同性别环境相比他们学习的时间会缩减，正如表 8.8 的回归结果，女生前排为女生能够提高成绩，而男生后排为男生能提高成绩，这是因为，前排男生更可能转过身子与后排女生交流，这样会降低这名男生和女生的成绩，但是后排男生则没有机会与前排女生交流。如果这种机制是有效的，那么本章结论的外推性将会受到限制，不适用于非青春期学生。

8.10 结　　论

我们通过在国内一所中学随机安排座位来研究周围同伴对于学生成绩的影响。研究结果表明：①女同桌对于男女生的成绩提升来说都有促进作用。②周围女生较多对女生成绩提升有显著的促进效应，但是对男生则有抑制作用。这可能是因为与同桌交流是容易且无法避免的事，而与周围学生交流则是自愿行为。③同性别通过产生协同学习行为才能提高学习成绩。

接下来我们将本章的研究与基于学校或者班级层面上同群效应影响的研究进行对比：Whitmore（2005）研究发现，对于学前班的学生来说，女生比例每提高 20%会使成绩提高 0.1 个标准差；相比之下，本章研究提高周围女学生比例 20%会使成绩增加 0.04 个标准差。Whitmore（2005）还探讨了对不同性别的差异性影响，发现这种差异性对于学前班学生不显著，而对三年级学生的影响显著。对三年级学生而言，女生比例增加 20%会使女生成绩提升 0.13 个百分点，降低男生成绩 0.16 个百分点。这种异质性结果与本章的结论相一致。

Lavy 和 Schlosser（2011）运用以色列学校的数据研究年级女生比例对于成绩的影响。对于八年级女生来说，女生比例增加 20%会使女生成绩平均提升 0.06~0.08 个标准差，这个结果比本章相应的结果高出 50%~100%，但是对于男生来说成绩提升不显著。然而，在他们的研究中，女生比例增加 20%会使得整个学校男女生的成绩提升 0.04~0.05 个标准差，这个结果在大小上和我们针对女性样本得出的结果相近，但是与我们的异质性结论相反。

外部有效性对于本章的研究是重要的问题。表 8.1 显示我们研究的农村地区与全国农村地区的差异性不大，但是城乡差异很明显。在把本章结论推广到中国其他农村地区或者年龄更小的人群时，效应大小可能不同。并且，在推广到其他国家的时候，也要格外注意，因为中国的教育方式和体制与其他国家不同。中国课堂上学生的座位固定不变，而美国和英国课堂上学生们可以变换座位，因此周围学生对其成绩影响的效应就可能与我们研究的结果不同。

尽管存在这些局限，但是我们的结果显示，在中国的教育环境下，通过改变座位的这种低成本的方式可以提高学生成绩，这也为未来研究子群体环境下同群效应提供了借鉴。

9　班干部经历对成长的影响[①]

9.1　概　　述

雇主和大学都看重学生担任班干部的经历，但是担任班干部本身能否提升学生技能，并没有相关研究。不同领域（业界、政治界、学术界等）的领导者与非领导者之间有明显差距，这种差距一方面可能来自担任领导者后带来的人力资本提升，另一方面可能是领导者和非领导者之间能力本身存在异质性（或者两者皆有）。由于随机安排领导者的现象很罕见，因此准确度量担任领导者的效应是一个难点。

本章通过在中国一所中学里随机安排班干部来研究担任班干部对学生的影响。在大多数的国内学校中，班干部通常由班主任任命。担任班干部的学生在班级中有较大威望，有些家长甚至会出面游说班主任，让自己的孩子担任班干部。在实验中，班主任给每个班干部职位列出候选人名单，然后随机抽取一位学生作为实际的担任者。这种随机任命的方式有助于评估担任班干部对于该学生成绩、自信、受欢迎度及对成功因素的影响。

实验结果发现，担任班干部经历提高了本来最有可能担任班干部的学生的学习成绩。由于班干部经历本质上是管理性质的，所以这一效果可能来自激励效应。同样，对于这些本来可能担任班干部的学生而言，担任班干部带来人气度提高。对于那些本来是替补的候选人而言，担任班干部能激发其领导的主动意识并增强其对成功的信念。

9.2　文献综述

大多数经济学的文献研究领导者是否及如何影响团队业绩，带领其他人走向

① 本章改编自 Anderson 和 Lu（2017）。

成功，并且研究领导者有哪些共同特征。例如，Bertrand 和 Schoar（2003）、Chattopadhyay 和 Duflo（2004），以及 Jones 和 Olken（2005）分别研究了在公司、乡村和城镇中，领导者对于小组的影响。Beaman 等（2009，2012）证明了女领导者对于女性地位提高和增强女性信心的作用。Hermalin（1998）认为领导者要有模范代表性。Andreoni（2006）和 Güth 等（2007）研究了领导力和模范作用的效果。Camerer 和 Lovallo（1999）、Malmendier 和 Tate（2005）认为领导者过于自信，会造成市场扭曲。然而很少有文献研究领导能力对其自身的影响。

一个例外是，Kuhn 和 Weinberger（2005）的研究表明，美国高中担任班干部的学生在成年后的收入回报很高。平均来说，高中期间担任班干部的学生收入比没有担任班干部的学生收入高出 4%~33%，相当于 0.5~4 年教育回报的差距。但是，很难区分造成这个差距的原因，一种解释是因为学生干部经历本身就对企业有很高价值，另一种解释是领导经历显示该学生的特长从而被支付较高报酬。然而，启发性的证据表明担任班干部可能存在因果效应：有更多机会担任班干部的学生比没有机会的学生收入更高。

除了经济学领域，心理学领域也研究权力对个人的影响。例如，有权力的人可能会更加积极主动，更愿意从事冒险活动（Anderson and Galinsky，2006），更加以自我为中心（Galinsky et al.，2006）。本章同样认为领导意味着拥有权力，但本章的关注点是领导经历带来的影响，而不仅仅是关注伴随领导经历的权力带来的影响。总之，就我们所知，本章的研究是第一个通过实验方法探讨担任领导对其自身影响的研究。

9.3　实验设计

首先介绍一下实验背景。在中国的中学内，学生在一个固定教室上课，教师轮班授课。学习之余，同班同学一起参加课外活动，包括大扫除、体育活动、节日活动和外出游玩等。

1）班级管理体系

如图 9.1 所示，每个班至少有 7 名班干部：班长、副班长、劳动委员、文艺委员、语文课代表、数学课代表和英语课代表。班长是最高领导者，承担多种责任，包括代表班级出席活动、组织集体活动和维持班级秩序等。每节课前，班长会让班级同学起立欢迎老师。副班长作为班长的助手，主要负责维持班级秩序，如阻止上课期间大声喧哗或随意走动的同学。劳动委员负责组织安排打扫卫生[①]。文艺委员组织学校和节日文艺活动并更新黑板公告等。语文、数学和英语课代表负责督促同学上交作业、收发作业和协助同学批改作业等。每天早上会有 30 分钟早读时间，语文课代表和英语课代表会在班级中走动并监督同学们学习。班级中除了这 7 名主要班干部之外，还可能有其他班干部：其他课程课代表、其他委员和小组组长等。这些班干部的共同特点是经常与老师、同学打交道，并且要积极主动完成老师布置的任务。

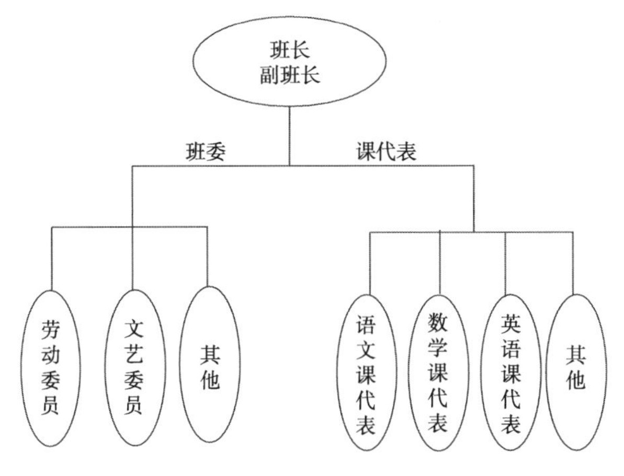

图 9.1　班级管理结构

2）班干部权力与义务

作为班级领导者，既有权力又有义务。尽管没有对领导者的定义，但大多数定义强调领导者的社会作用而不是其权力的应用。因此，班长需要一定的领导能力，至少能够组织活动或者维持秩序。同时，委员和课代表则需要一定的组织和管理技能。理论上，这些差异可以检验不同职位影响的异质性，但本章的研究样本太小，减弱了统计推断有效性[②]。

3）学生们担任班干部的意愿

学生们担任班干部的意愿很强。本章研究学校附近一所中学七年级学生时进行过一次问卷调查，学生们需要对“如果有机会，我想担任班长”做出评价。13%的学生表示“非常”或“有点”不赞同；23%的学生表示中立；30%的学生表示“有点”赞同；33%的学生表示“非常”赞同[③]。因此，超过 60%的学生热衷于担任班长，不到 15%的学生能够担任班干部。

---

① 在大多数初级中学或者高级中学中，学生负责打扫地板、窗户和黑板等，楼梯和操场等公共区域也由各个班级分区域负责。若干活不细致，劳动委员可以命令同学返工。

② 当分别估计不同职位的效应时，班长对于成绩的影响作用最大，但是结果的显著性不强。

③ 由于舍入修约，数据有偏差。

4）班干部任命规则

班干部由班主任任命，但没有明确的任命规则[①]。通常来说，任命班干部注重三点：第一，受任者能积极完成任务；第二，班干部必须有模范带头作用；第三，优秀学生才能被任命班干部职位。因此，班干部的任命通常由管理能力和学习成绩综合决定，其中对委员的管理能力要求较高，对课代表的学习成绩要求较高。由于想担任班干部的学生很多，家长会游说班主任让自己的孩子担任班干部。班主任在每学期开学任命班干部，中途根据他们的表现可以更换班干部。例如，某班干部与人斗殴、违反校规或者没有履行自己的责任，或者班长在期中考试中成绩较差，其他学生表现较好，班主任也可能重新任命班长。

实验设计是在现有的制度背景安排上做了一些调整。

第一，挑选班干部候选人。通常的班干部任命机制具有内生选择性，会对估计班干部的作用产生不利影响，因此实验对任命班干部机制做了调整：班主任按照通常的规则给每个职位挑选两名候选人，分别排序为候选人 1（最有可能当选的学生）和候选人 2（可以接受的当选该班干部的学生），实验前告诉班主任班干部的选择是随机的，两名候选人有相同的被选概率。

第二，随机任命班干部。本章的随机实验为不放回抽样：首先，把 7 个班级分为两组：第一组有班级 1、班级 4、班级 5、班级 7，第二组有班级 2、班级 3、班级 6。其中，第一组在班长、文艺委员、语文课代表上任命第 1 候选人为班干部，在副班长、劳动委员、英语课代表、数学课代表上任命第 2 候选人为班干部。第二组的任命相反。这样设计实验保证了：①第 1 候选人和第 2 候选人分在“任命组”和“非任命组”的概率相同；②第 1 候选人在每个班级中都有 50%被任命的概率；③第 1 候选人和第 2 候选人在每个班级都有机会担任班长、副班长、委员或者课代表。尽管这些结果在简单随机抽样中可能都会出现，但是本章不放回抽样过程保证了这三种情况出现的概率相同。

第三，劝说班主任保持班干部任命。实验中，研究人员告诉班主任除非某班干部的工作特别糟糕，否则不要轻易替换班干部。如果必须换班干部，劝说班主任避免用非班干部的候选人替换，而是让现有的班干部身兼数职，或者选择候选人以外的学生做班干部。班主任通常会在期中考试后调整班干部，因此研究人员在期中考试后打电话给校长强调尽量避免更换班干部。在临近期末时，对 21 位学生（每个班级 3 名学生）进行了调查，班干部安排的服从率约为 85%[②]。

---

① 每个班级有一名班主任，负责安排班级事务，惩治班级不良行为，与家长沟通和维持班级秩序。在某些学校或者班级，班委由民主选举产生或者由班级学生轮流担任。但在大多数初级中学或者高级中学中，班委由班主任任命。

② 为了进行调查，校长将实验挑选的受访者召集到特定的教室进行问卷调查，班主任不知道调查环节，因此不会提前告诉学生们如何回答问题。

为了避免潜在的投机行为，班主任不知道班干部随机安排的具体规则[①]。研究人员告诉班主任该研究探讨“班干部对学生发展的影响”，班主任很自然会想到学习成绩这个指标。除此之外，班主任应该不能够预期到问卷调查和本章研究考察的其他指标，学生也不知道研究项目和候选人列表。在整个研究项目中，班主任和学生都没有被给予经济激励。

由以上内容可知，该实验的一部分属于自然实地实验，而另一部分属于框架实地实验(Harrison and List, 2004)。研究“担任班干部对于学习成绩的影响”属于自然实地试验，学生被置于纯自然的场景里，不知道班干部是被随机任命的，并且管理活动和考试像在没有进行实验时一样。研究“担任班干部对于自信、信念和社会关系的影响”属于框架实地实验，学生不知道职位随机安排，且班干部职责与未进行实验时一样。但是这并不是完全意义上的自然实验，因为根据调查问卷生成的度量结果在实验之外并不会自然而然地出现。在进行问卷调查时，尽管调查对象不清楚实验目的，但是他们知道该次实验想从问卷中获得某些信息。

9.4 数据和实证框架

实验于 2009 年秋季在江苏海滨城市的一所城郊地区中学中进行。该学校的班干部设置同全国大部分地区的班干部设置类似，但是样本中的学生并不能代表全国学生的平均水平。表 9.1 呈现的统计性描述数据来自 2000 年人口普查数据，将样本农村家户特征与全国所有农村地区家户特征进行对比。前两列［第（1）列和第（2）列］为全国农村地区家户特征与样本农村地区家户特征的对比，我们可以发现：样本农村家户受教育程度高于中国其他地区平均水平，并且拥有更多的自来水资源和公厕。尽管这个数据在统计上是显著的，但是在数量大小上差别并不大。后两列［第（3）列和第（4）列］为全国地区家户特征和样本地区家户特征的对比，后两列间数值差距小于前两列数值差距。除了家庭大小和公厕数量之外的数据差距表明，城乡之间的差距要大于样本地区和全国所有地区之间的差距。因此，城乡差距才是影响本章研究结果的关键。后文探讨了结论的普遍适用性[②]。

---

① 确实，尽管研究人员告诉班主任两名候选人的任命概率是随机的，但是班主任会试图劝说研究人员选择候选人 1。

② 样本所在区域为县级行政单位，但是距离市中心只有 20 分钟的车程，根据美国的行政区域分类标准，该区域为“郊区”。

表 9.1　研究地区和所有农村地区的对比

变量	全国农村地区 （1）	样本农村地区 （2）	全国地区 （3）	样本地区 （4）
受教育年限/年	7.9 （2.4）	8.2* （2.0）	8.8 （2.8）	8.8 （2.4）
≥9 年的教育	0.62 （0.49）	0.68* （0.47）	0.72 （0.45）	0.75* （0.44）
家庭规模	4.3 （1.5）	4.4 （1.4）	4.2 （1.5）	4.3 （1.4）
是否有自来水（0/1）	0.23 （0.42）	0.30 （0.46）	0.40 （0.49）	0.42 （0.49）
是否有马桶（0/1）	0.69 （0.46）	0.81* （0.39）	0.70 （0.46）	0.76* （0.43）
家庭样本量/户	36 436	135	53 300	186

* 表示在 5%的水平下显著不同于所有农村地区/所有地区的均值

注：括号中显示的是标准差。资料来源于 2000 年中国人口普查数据中的 0.1%的样本。教育统计数据适用于父母出生于 1960~1980 年的家庭，其他特征变量适用于孩子出生于 1995~1999 年的家庭

样本数据包括七年级的 7 个班级，每个班级 52~56 人。在开学第 2 周，班主任从每个班选出 14 名候选人（每个班干部有 2 名候选人）。其中 2 个职位列里包含同一名学生作为候选人，另外有 1 名候选人转学到其他学校，剔除这 3 对候选人以后剩下 46 对（92 名）候选人，候选人 1 和候选人 2 有相同的被选概率。

学生们的背景包括基础测试成绩、性别、年龄、身高、在家中出生排序、父母受教育年限和家庭收入等。基础测试成绩为开学第一周测试成绩，标准化为（0，1）。表 9.2 中 A 部分为候选人和其他学生的基本特征的描述性统计，结果显示候选人基础成绩比非候选人基础成绩高出 0.5 个标准差，证明了学习成绩是成为候选人的一个条件。在样本地区中男学生占了一多半（59%），但是只有 45%的候选人是男生，这表明班主任更偏好选择女生担任班干部。候选人平均年龄为 13.3 岁，身高为 159 厘米。相比非候选人来说，候选人更可能是第一胎出生的。父亲平均教育年限为 8.3 年，母亲平均教育年限为 6.9 年①。学生们年龄在 13 岁左右，不太清楚家庭收入状况，因此本章采取问卷调查的形式让学生与其他学生家庭情况进行对比并打分：1 代表“低于平均水平”，3 代表“平均水平”，5 代表“高于平均水平”②。最终，候选人的平均分数为 2.8 分，72%认为处于中等水平，22%认

① 由于没有父母年龄的信息，本章不能将样本和国家平均水平进行对比。若假设父母比孩子大 24 岁，那么大部分的父母出生年月约为 1972 年 5 月。1970 年 5 月到 1974 年 5 月乡村地区男性的平均受教育年限为 8.3 年，与样本地区父亲平均受教育年限接近。女性的平均受教育年限为 7.5 年，高于样本地区母亲平均受教育年限（数据来自 2000 年人口普查数据的 0.1%样本）。

② 相对收入数据在实验完成后收集，但是该实验不希望担任班干部会影响学生们对收入的感知，事实表明，干预组和对照组对收入的感知是相近的，担任班干部并未影响学生们的感知。

为低于平均水平，6%认为高于平均水平。

表 9.2 统计性描述

变量	班干部候选人			非班干部候选人			差异均值	差异统计值
	均值	标准差	样本量	均值	标准差	样本量		
Panel A：控制变量								
基准考试成绩	0.40	0.97	90	−0.13	0.98	279	0.53	4.5
男生	0.45	0.50	92	0.63	0.48	285	−0.19	−3.2
年龄/岁	13.3	0.9	92	13.5	0.9	281	−0.2	−1.4
身高/厘米	158.5	8.6	92	157.7	8.3	281	0.8	0.8
在家中出生排序	1.64	0.86	91	1.95	1.02	260	−0.31	−2.6
父亲的受教育年限/年	8.27	2.35	89	8.51	2.23	220	−0.24	−0.9
母亲的受教育年限/年	6.87	2.71	87	7.44	2.50	203	−0.56	−1.7
相对收入	2.80	0.70	86	2.89	0.70	184	−0.08	−0.9
Panel B：结果变量								
期中考试成绩	0.51	0.98	92	−0.17	0.95	272	0.68	5.9
期末考试成绩	0.50	1.00	92	−0.17	0.94	270	0.67	5.8
合并考试成绩	0.50	0.98	92	−0.17	0.92	269	0.67	5.9
合并百分比排序	64.9	28.4	92	45.1	27.3	269	19.8	5.9
当班干部影响成绩	0.26	0.44	82	0.27	0.44	187	−0.01	−0.2
自评的百分比排序	76.6	12.2	88	69.1	14.0	262	7.5	4.4
过度自信	11.3	23.8	88	23.5	25.1	260	−12.2	−4.0
教育期望	16.7	3.2	88	15.0	3.2	242	1.7	4.3
是否最先做贡献	0.76	0.43	70	0.66	0.47	160	0.09	1.4
贡献金额/元	5.28	2.81	64	5.38	3.04	138	−0.10	−0.2
成功的最重要决定因素								
努力	0.51	0.50	87	0.36	0.48	234	0.14	2.3
好老师	0.24	0.43	87	0.24	0.42	234	0.01	0.1
父母管教	0.05	0.21	87	0.15	0.36	234	−0.11	−2.6
天赋	0.06	0.23	87	0.15	0.36	234	−0.09	−2.2
同学帮助	0.06	0.23	87	0.05	0.21	234	0.01	0.4
家庭学习环境	0.08	0.27	87	0.04	0.20	234	0.04	1.3
好朋友的数量	6.1	5.1	84	7.7	12.5	223	−1.6	−1.2
被列为好朋友的次数	1.9	1.4	92			0		
获得的选票数	5.6	8.4	92			0		

注：班干部候选人由老师通过随机抽签提名，非候选人为 7 间教室的其他所有学生

本章收集了 4 个方面的结果变量信息：学习成绩、自信、成功因素和受欢迎度。表 9.2 中 B 部分对比了候选人和其他学生以上 4 个方面的均值情况。

第一，对学习成绩的度量。学习成绩由期中测试成绩和期末测试成绩衡量，学生们参加 3 门主修课程（语文、数学和英语）和 2 门辅修课程（历史和政治），教授同一课程的老师分部分批改试卷，因此同一题目通常由同一名老师批改。试

卷姓名处进行了密封处理[①]，因而老师没法偏心班干部。3 门主修课程满分均为 150 分，历史课程满分 60 分，政治课程满分 40 分，成绩做标准化处理。平均来说，在期中测试和期末测试中，候选人成绩比非候选人成绩高出 0.7 个标准差。

第二，对自信的度量。心理学文献研究表明，担任班干部会使该学生更加有动力或者更加以自我为中心，因此，本章探讨担任班干部是否影响自信和对成功因素的感知。本章采用多种方式度量自信：一种方法是让学生评估自己相对于其他学生的能力，即使是在能力无差距的情况下，比较自信的学生也会认为自己的能力高于其他学生的能力。期中考试前几天，研究人员要求学生们评估自己的学习能力（理解、应用概念和方法的能力）并打分，100 分代表该学生在全年级中是最优秀的，0 则代表该学生是全年级中最差的，50 分为平均水平[②]。结果表明候选人的平均得分为 77 分，非候选人的平均得分为 69 分，这显示了"乌比冈湖效应"（Lake Wobegon Effect）。另一种方法是对比学生的自我评估和期中测试真实成绩排位的差距，以此得到过度自信的度量。此外，问卷还询问学生们希望接受多少年的教育，是否愿意为序列公共物品游戏献出第一份力量及愿意贡献的大小[③]。献出第一份力量代表了自信程度或者是领导意识强度，因为后续的学生能够观察到他们的贡献：76%的候选人和 66%的非候选人愿意贡献第一份力量。

第三，对成功因素的度量。通过询问学生们认为决定成功的因素是什么来度量，可供选择的选项有：努力程度、教师水平、父母的管教、天赋、同学或者朋友的帮助和家庭教育环境等。51%的候选人和 36%的非候选人认为努力程度最重要，教师水平（24%的候选人和 24%的非候选人）次之，其他选项都不超过 15%。

第四，对受欢迎度的度量。让学生们列出自己最亲近的 3 名朋友及朋友的数量来调查受欢迎度。我们构建两种度量方法：学生 i 报告的朋友数量和其他学生将学生 i 视作最亲近朋友的数量。为了衡量受欢迎度，还让学生列出自己最可能投票的 3 名班干部候选人名单。由于匹配名单的工作量较大，本章只构建关于班干部候选人的受欢迎度指标。

图 9.2 为实验的时间轴。从随机任命班干部到期末测试共 5 个月的时间。我们设

---

① 为了避免作弊行为，7 个班级的学生在期中测试和期末测试中混合在一起随机分配座位。批改试卷前，学生的姓名被密封，任课老师在多个班级中轮流授课，因此很难从 350 份答题卡中辨认出某学生的字迹。另外，由于老师分配题目打分，因此老师只能决定某学生 1/2 或者 1/3 的成绩。

② 1 名候选人和多名非候选人打分在 100~150，这表明同学按照学习成绩进行打分。因此，本章将自我评估最高分设置为 100 分。

③ 序列公共物品博弈规则如下：团队中的个人自愿出资组成集合基金，用这些基金进行投资可以获得收入翻倍，收入的分配是等额的。每个团队有 10 个人，每人的基础资金为 10 元，每人的出资额范围为 0~10 元。例如，一个团队中 4 人出资 2 元，3 人出资 5 元，2 人出资 6 元，1 人出资 0 元，则集合基金为 35 元（4 × 2+3 × 5+2 × 6+1 × 0），投资收入为 70 元（35 × 2），则每人分得 7 元（70/10）。出资 6 元的人最终有 11 元（10–6+7），出资 0 元的人最终有 17 元（10–0+7）。

计问卷调查来得到上述一系列衡量指标。中期调查以学生学习训练的方式安排在期中考试之前进行，要求学生对自己进行评估（排位）并强调准确评估自我对其未来发展的重要性。问卷由班主任在某工作日的课间发放，每位学生独立完成问卷。期末调查在期末考试后进行，问卷标题为“关于中学生学习和生活的调查”，在两小时内完成，所有学生都参加了两次调查，因此，不会使候选人或者非候选人产生怀疑。

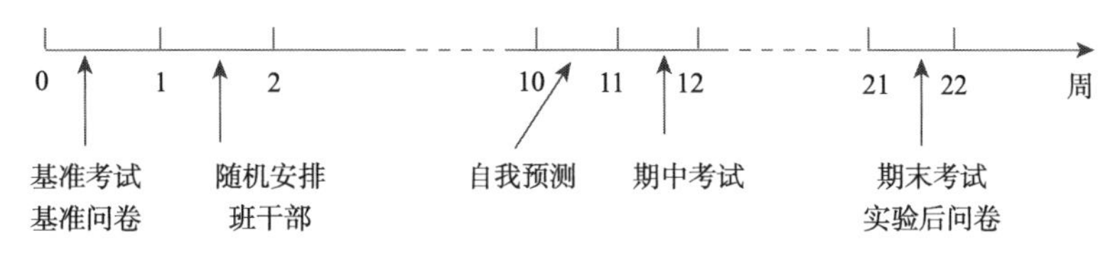

图 9.2　实验的时间轴

大多数的结果变量没有损耗，唯一的损耗是关于序列公共物品博弈游戏的问题，只有 76%的人回答了是否愿意最先做贡献，70%的候选人回答了愿意做多大贡献，然而不愿做回答的候选人和非候选人的比例差距不显著，干预组中有 7.9 个百分点（t=1）更可能缺失回答第一个问题（是否愿意最先做贡献），有 5.9 个百分点（t=–1）较小可能缺失回答第二个问题（愿意做多大贡献），因此这些损耗不会对结果造成影响。

把样本限制在班干候选人群体中，以方程（9.1）对其背景特征分析来检验安排班干部是否是随机的：

$$X_i = \alpha_0 + \alpha_1 \text{leader}_i + \in_i \qquad (9.1)$$

其中，X_i是背景特征，包括基础测试成绩、性别或父母受教育年限等。如果随机安排过程是有效的，那么$\hat{\alpha}_1$将趋近于零，回归结果不显著。由于标准误聚类在班级层面上且样本只有 7 个班级，因而对式（9.1）进行统计推断有困难，这意味着只有较少的聚类（7），这使标准误会产生很大的偏误。为了解决这个问题，本章采用置换测试法（permutation test），这种方法由随机过程推出结果，可以解决小样本问题（Rosenbaum，2007）。

首先，从 7 个班级中选出 4 个班级作为第一组，第一组候选人 1 有 3 个职位：班长、文艺委员、语文课代表，候选人 2 有 4 个职位：副班长、劳动委员、英语课代表、数学课代表。剩下的 3 个班级作为第二组，第二组的候选人 1 和候选人 2 的安排与第一组相反。对于第一组来说，从 7 个班级中选出 4 个班级有 C_7^4=35 种选法，第一组候选人 1 职位有 C_7^3=35 种选法[①]，因此共 1 225（35^2）种职位安排。在不存在处理效应的虚拟假设下，这 1 225 种组合的 t 统计量是符合 t 分布的，我

① 有人质疑说为什么不考虑 3 个班级和 4 种职位的组合，由于对第一组和第二组的定义是随机的，因此将 3 个班级和 4 种职位组合作为第一组或者作为第二组都没有任何影响。

们可以由此进行统计推断。这个结果即使是在较小聚类样本下也是有效的。

为了进行置换测试，本章计算了 1 225 种可能的安排，将其作为安慰剂。对于每一种安排，本章记录了方程（9.1）估计系数 $\hat{\alpha}_1$ 的 t 值。然后用真实的班干部安排估计出的 t 值与安慰剂 t 值进行比较，p 值在表 9.3 中用斜体标出，表示安慰剂 t 值大于真实 t 值的概率。

表 9.3　检验背景变量的随机安排

因变量	基准考试成绩	男生	身高	年龄	在家中出生排序	父亲的受教育水平	母亲的受教育水平	家庭收入
	（1）	（2）	（3）	（4）	（5）	（6）	（7）	（8）
自变量								
				Panel A：候选人 1				
当班干部	0.266	−0.043	−0.4	−0.3	0.06	−0.091	−0.23	0.09
	（0.336）	（0.144）	（1.9）	（0.2）	（0.22）	（0.66）	（0.95）	（0.23）
	0.375	*0.750*	*0.798*	*0.170*	*0.789*	*0.931*	*0.834*	*0.719*
N	45	46	46	46	45	44	42	41
				Panel B：候选人 2				
当班干部	−0.415	0.000	0.3	0.0	0.35	−1.069	−0.08	−0.03
	（0.307）	（0.154）	（2.3）	（0.3）	（0.35）	（0.79）	（0.47）	（0.24）
	0.250	*0.950*	*0.859*	*0.973*	*0.335*	*0.227*	*0.855*	*0.912*
N	45	46	46	46	46	45	45	45
因变量均值（控制组）	0.438	0.457	158.5	13.4	1.57	8.57	6.95	2.79

注：每列代表因变量对是否被安排为班干部的线性回归。面板 A 和面板 B 采用的样本仅限于第一次（或第二次）被老师提名为班干部的学生。括号中是聚类到班级的标准误，斜体的形式表示的是基于置换排列的 p 值。表中还汇报了那些第一次和第二次都没有被安排为班干部的候选人的因变量的均值

表 9.3 报告了样本回归结果。A 部分报告了候选人 1 的回归系数，B 部分报告了候选人 2 的回归系数。班干部和非班干部候选人（未当选者）在基准考试成绩、性别、年龄、身高、在家中出生排序、父母受教育水平和家庭收入情况等特征上的差别不大。表 9.3 中所有系数均不显著，p 值范围 0.170~0.973，表明随机过程是有效的。通过把是否担任班干部变量对 8 项特征做回归来检验特征是否与担任班干部相关，以及 8 项特征的联合检验的 F 值是否为零，结果表明候选人 1 的 p 值为 0.778，候选人 2 的 p 值为 0.689①。最后，将所有候选人样本混在一起进行回归来检验班干部和非班干部的协变量是否相近（结果未在表 9.3 中报告）。8 项特征的回归系数依然不显著，p 值范围 0.355~0.982，表明班干部和非班干部的协变量相近，即随机过程有效。

在基本回归中，我们检验了担任班干部对两名候选人多项结果特征的影响，这

① 由于聚类值（7）小于待估参数（8 个斜率和 1 个截距），这里不能进行常规的 F 检验，并且聚类数较少时的 F 值不可信。因此，本章采用排列测试，比较真实 R^2 和安慰剂 R^2，p 值为 0.778 表明真实 R^2 小于安慰剂 R^2 的 78%。

就存在多重检验问题。为了解决这个问题，本章报告了 FDR 方法调整后的 q 值。FDR 代表拒绝一类错误的期望概率，使正确和错误拒绝间的权衡数值化。若所有原假设正确（没有处理效应），那么在 q 水平下控制 FDR 也就意味着在 q 水平下控制了多重比较谬误（family-wise error rate，FWER）。当一些错误的假设被拒绝，FDR 比 FWER 更有效力（Anderson，2008）。我们把表 9.4~表 9.7 中所有结果变量定义为测试组，利用 Benjamini 等（2006）中严格的 FDR 控制程序来进行 FDR 控制，每张表方括号中都报告了经 FDR 调整后的 p 值。在 q=0.05 水平下控制 FDR 意味着本章允许在 19 个正确拒绝的情况下有 1 个错误的拒绝。为了保守起见，我们还利用 List 等（2016）的算法计算了经 FWER 调整后的 p 值，这种算法独立于测试统计，因此在本章实验条件下能够提供较准确的结果。从结果来看，对于显著性较强的结果来说，经 FWER 调整后的 p 值小于经 FDR 调整后的 q 值［由于 List 等（2016）的算法是独立的］；而对于显著性较弱的结果来说，经 FWER 调整后的 q 值小于经 FDR 调整后的 p 值（因为 FDR 允许在大量正确拒绝的情况下存在错误拒绝的情况）。

表 9.4　担任班干部对测试成绩和学习时间的影响

变量	期中考试成绩		期末考试成绩		合并考试成绩		合并考试成绩排序		当班干部是否负面影响成绩	
候选人类型	第一	第二	第一	第二	第一	第二	第一	第二	第一	第二
	（1）	（2）	（3）	（4）	（5）	（6）	（7）	（8）	（9）	（10）
自变量										
Panel A：控制变量调整后的回归										
当班干部	0.322	−0.050	0.328	−0.011	0.325	−0.031	7.41	−0.98	0.224	0.003
	（0.050）	（0.209）	（0.067）	（0.209）	（0.047）	（0.202）	（1.62）	（5.73）	（0.061）	（0.092）
	0.001	*0.815*	*0.008*	*0.960*	*0*	*0.878*	*0.004*	*0.878*	*0.015*	*0.973*
	[0.016]	[0.865]	[0.061]	[0.948]	[0.001]	[0.865]	[0.052]	[0.865]	[0.065]	[0.948]
	{0.013}	{1.000}	{0.105}	{1.000}	{0}	{1.000}	{0.027}	{1.000}	{0.150}	{0.986}
Panel B：没有调整的回归										
当班干部	0.307	0.073	0.309	0.097	0.308	0.085	5.80	2.45	0.218	0.000
	（0.060）	（0.129）	（0.096）	（0.176）	（0.072）	（0.145）	（2.21）	（4.53）	（0.063）	（0.112）
	0.005	*0.623*	*0.028*	*0.621*	*0.011*	*0.594*	*0.036*	*0.645*	*0.025*	*0.960*
	[0.085]	[0.829]	[0.125]	[0.829]	[0.085]	[0.829]	[0.147]	[0.829]	[0.125]	[1.000]
	{0.080}	{0.866}	{0.357}	{1.000}	{0.161}	{0.895}	{0.239}	{0.943}	{0.258}	{0.973}
因变量均值（控制组）	0.467	0.448	0.400	0.494	0.434	0.471	63.86	64.12	0.100	0.300
N	46	46	46	46	46	46	46	46	42	40

注：每列代表因变量对是否被安排为班干部的线性回归。面板 A 和面板 B 采用的样本仅限于第一次（或第二次）被老师提名为班干部的学生。考试分数的衡量相对于基准成绩各不相同。协变调整回归控制了性别、基础测试成绩、身高和年龄。圆括号中是聚类到班级的标准误，斜体的形式表示的是基于置换排列的 p 值，中括号中是经 FDR 调整后的 q 值，花括号中是经 FWER 调整后的 p 值。表中还汇报了那些没有被安排为班干部的候选人的因变量的均值

表 9.5 担任班干部对自信和受教育意愿的影响

因变量	自评的百分比排序		过度自信（自评排名–现实排名）		教育期望/年		序列公共物品博弈游戏中愿意最先做贡献		序列公共物品博弈游戏中的出资额	
候选人类型	第一	第二	第一	第二	第一	第二	第一	第二	第一	第二
	（1）	（2）	（3）	（4）	（5）	（6）	（7）	（8）	（9）	（10）
自变量										
	Panel A：控制变量调整后的回归									
当班干部	1.12	7.49	−6.69	9.52	0.31	0.22	0.135	0.342	−0.27	0.51
	（2.00）	（3.81）	（1.65）	（4.80）	（1.03）	（1.06）	（0.139）	（0.120）	（0.79）	（1.45）
	0.622	*0.104*	*0.013*	*0.082*	*0.776*	*0.857*	*0.374*	*0.016*	*0.755*	*0.740*
	[0.814]	[0.253]	[0.065]	[0.214]	[0.865]	[0.865]	[0.682]	[0.065]	[0.865]	[0.865]
	{1.000}	{0.767}	{0.094}	{1.000}	{1.000}	{0.857}	{1.000}	{0.307}	{1.000}	{1.000}
	Panel B：没有调整的回归									
当班干部	2.90	5.69	−9.34	15.97	0.41	0.00	0.213	0.353	−0.57	0.83
	（3.52）	（3.72）	（5.47）	（8.53）	（1.02）	（1.27）	（0.118）	（0.123）	（0.60）	（1.12）
	0.430	*0.171*	*0.120*	*0.107*	*0.695*	*1.000*	*0.095*	*0.007*	*0.410*	*0.499*
	[0.647]	[0.356]	[0.266]	[0.250]	[0.839]	[1.000]	[0.244]	[0.085]	[0.643]	[0.722]
	{0.981}	{1.000}	{0.861}	{1.000}	{1.000}	{1.000}	{0.498}	{0.129}	{0.694}	{1.000}
因变量均值（控制组）	76.14	72.52	9.62	9.58	16.68	16.45	0.600	0.647	5.63	4.80
N	44	44	44	44	44	44	36	34	33	31

注：每列代表因变量对是否被安排为班干部的线性回归。面板 A 和面板 B 采用的样本仅限于第一次（或第二次）被老师提名为班干部的学生。协变调整回归控制了性别、基础测试成绩、身高和年龄。圆括号中是聚类到班级的标准误，斜体的形式表示的是基于置换排列的 p 值，中括号中是经 FDR 调整后的 q 值，花括号中是经 FWER 调整后的 p 值。表中还汇报了那些没有被安排为班干部的候选人的因变量的均值

表 9.6 担任班干部对成功因素认知的影响

	影响学习成绩的最重要因素											
因变量	努力		好老师		父母管教		天赋		同学帮助		家庭学习环境	
候选人类型	第一	第二	第一	第二	第一	第二	第一	第二	第一	第二	第一	第二
	（1）	（2）	（3）	（4）	（5）	（6）	（7）	（8）	（9）	（10）	（11）	（12）
自变量												
	Panel A：控制变量调整后的回归											
当班干部	0.207	0.261	−0.240	−0.099	−0.053	−0.146	−0.011	−0.035	0.055	−0.041	0.092	0.059
	(0.134)	(0.074)	(0.153)	(0.156)	(0.060)	(0.093)	(0.075)	(0.061)	(0.103)	(0.033)	(0.091)	(0.085)

续表

影响学习成绩的最重要因素												
因变量	努力		好老师		父母管教		天赋		同学帮助		家庭学习环境	
候选人类型	第一	第二	第一	第二	第一	第二	第一	第二	第一	第二	第一	第二
	（1）	（2）	（3）	（4）	（5）	（6）	（7）	（8）	（9）	（10）	（11）	（12）
	0.158	*0.015*	*0.198*	*0.520*	*0.829*	*0.223*	*0.661*	*0.642*	*0.620*	*0.211*	*0.331*	*0.423*
	[0.357]	[0.065]	[0.396]	[0.805]	[0.865]	[0.396]	[0.814]	[0.814]	[0.814]	[0.396]	[0.661]	[0.682]
	{1.000}	{0.204}	{1.000}	{1.000}	{1.000}	{1.000}	{0.678}	{1.000}	{0.648}	{0.464}	{1.000}	{0.706}
Panel B：没有调整的回归												
当班干部	0.255	0.318	−0.268	−0.136	−0.045	−0.136	0.002	−0.045	0.004	−0.045	0.097	0.045
	(0.121)	(0.081)	(0.133)	(0.121)	(0.047)	(0.068)	(0.077)	(0.040)	(0.106)	(0.046)	(0.095)	(0.088)
	0.051	*0.008*	*0.098*	*0.286*	*0.936*	*0.215*	*0.983*	*0.304*	*0.941*	*0.819*	*0.305*	*0.707*
	[0.179]	[0.085]	[0.244]	[0.471]	[1.000]	[0.379]	[1.000]	[0.471]	[1.000]	[0.986]	[0.471]	[0.839]
	{0.479}	{0.113}	{1.000}	{0.935}	{1.000}	{1.000}	{1.000}	{0.511}	{0.983}	{1.000}	{1.000}	{1.000}
因变量均值（控制组）	0.364	0.364	0.364	0.318	0.045	0.136	0.045	0.091	0.091	0.045	0.045	0.045
N	43	44	43	44	43	44	43	44	43	44	43	44

注：每列代表因变量对是否被安排为班干部的线性回归。面板 A 和面板 B 采用的样本仅限于第一次（或第二次）被老师提名为班干部的学生。协变调整回归控制了性别、基础测试成绩、身高和年龄。圆括号中是聚类到班级的标准误，斜体的形式表示的是基于置换排列的 p 值，中括号中是经 FDR 调整后的 q 值，花括号中是经 FWER 调整后的 p 值。表中还汇报了那些没有被安排为班干部的候选人的因变量的均值

表 9.7　担任班干部对社会关系和受欢迎度的影响

因变量	好朋友的数量		被列为好朋友的次数		选票的数量	
候选人类型	第一	第二	第一	第二	第一	第二
	（1）	（2）	（3）	（4）	（5）	（6）
自变量						
Panel A：控制变量调整后的回归						
当班干部	0.75	4.40	0.76	−0.55	9.45	2.23
	（0.88）	（1.81）	（0.26）	（0.25）	（2.17）	（1.33）
	0.390	*0.066*	*0.038*	*0.053*	*0.008*	*0.171*
	[0.682]	[0.183]	[0.123]	[0.163]	[0.061]	[0.364]
	{0.470}	{1.000}	{0.456}	{0.263}	{0.106}	{0.391}
Panel B：没有调整的回归						
当班干部	0.24	4.86	0.74	−0.52	10.30	1.30

续表

因变量	好朋友的数量		被列为好朋友的次数		选票的数量	
候选人类型	第一	第二	第一	第二	第一	第二
	(1)	(2)	(3)	(4)	(5)	(6)
	(0.87)	(1.28)	(0.32)	(0.26)	(2.77)	(1.74)
	0.792	*0.007*	*0.069*	*0.073*	*0.014*	*0.481*
	[0.980]	[0.085]	[0.216]	[0.216]	[0.086]	[0.722]
	{0.953}	{0.138}	{0.834}	{0.364}	{0.180}	{1.000}
因变量均值（控制组）	5.29	4.29	1.74	2.04	2.61	2.70
N	42	42	46	46	46	46

注：每列代表因变量对是否被安排为班干部的线性回归。面板 A 和面板 B 采用的样本仅限于第一次（或第二次）被老师提名为班干部的学生。协变调整回归控制了性别、基础测试成绩、身高和年龄。圆括号中是聚类到班级的标准误，斜体的形式表示的是基于置换排列的 p 值，中括号中是经 FDR 调整后的 q 值，花括号中是经 FWER 调整后的 p 值。表中还汇报了那些没有被安排为班干部的候选人的因变量的均值

9.5 实证结果

利用当选和未当选班干部的候选人样本来估计担任班干部的效应：

$$Y_i = \beta_0 + \beta_1 \text{leader}_i + X_i \gamma + \epsilon_i \tag{9.2}$$

任命班干部是随机的，当不考虑协变量 X_i 时，β_1 回归结果依然是无偏的，但是加入 X_i 可以减少回归均方差误差（mean squared error），因此本章在方程中加入基础测试成绩、性别、身高和年龄这些变量。由于班干部安排服从率并不能达到100%，因此本章称回归结果为“intent to treat”（ITT）效应，即“意图任命某学生班干部职务的效应”。若采用工具变量估计，工具变量的系数数值比表 9.4~表 9.7 中系数数值大 18%（基于实验安排服从率为 85%得出的结论）。由于担心班主任谎报服从率，我们的服从率数据来自对学生的非正式调查，因此报告 ITT 的结果更为准确。

对于每张表格本章都分别报告了担任班干部对候选人 1 和候选人 2 的影响。对候选人 1 的估计结果是在没有随机安排下对干预组的处理效应，因为任命候选人 1 担任班干部是合情合理的情况。对候选人 2 的估计结果代表了如果增加班干部的供给可能产生的效应，因为候选人 2 是一旦增加班干部职位就可能在非实验状态下当选班干部的那批学生。这个解释假设增加班干部数量不会减弱担任班干部的影响。

9.5.1　担任班干部对测试成绩和学习时间的影响

表 9.4 显示了担任班干部对测试成绩和学习时间的影响。表 9.4~表 9.7 的 A 部分列出的系数是在控制了性别、基础测试成绩、身高和年龄后的回归结果。B 部分为稳健性检验，是不控制其他变量的结果。列（1）、列（3）和列（5）A 部分所有的系数——期中成绩、期末成绩和综合成绩都是显著的，p 值范围为 0.001 到 0.008，表明担任班干部使得候选人 1 的学习成绩增加 0.33 个标准差，并且在控制了 FDR 后，期中成绩和综合成绩依然是显著的，期末成绩显著性较弱（q=0.061）。列（2）、列（4）和列（6）A 部分系数都不显著，表明担任班干部对候选人 2 的学期成绩没有影响。对于候选人 2 的估计结果并不精确，因此本章不能断定担任班干部对候选人 1 和候选人 2 的影响不一样。

列（7）结果表明，对于候选人 1 来说，担任班干部将显著提升其期中和期末成绩的年级排名 7.4 个百分点（p=0.004），在控制 FDR 后显著性降低（q=0.052），但对于候选人 2 来说没有类似影响。列（9）显示在候选人 1 中担任班干部比没有担任班干部的学生更有可能（22.4%）认为担任班干部会减少学习时间（p=0.015，q=0.065），尽管如此，候选人 1 的成绩也相对较好，但对于候选人 2 没有得到类似结论。

提高学习成绩的机制是什么呢？本章猜测增加学习时间是提高学习成绩的关键，主要有以下两个原因：第一，相比其他提高学习成绩的方法来说，增加学习时间是最易掌控的；第二，候选人 1 中担任班干部的学生更多地认为担任班干部会减少学习时间，这与他们会增加学习时间的证据相吻合。

多种因素可能激励班干部增加学习投入：第一，若班干部在期中测试成绩不好，便会被罢免职位，这会激励班干部增加学习投入。然而，担任班干部对期末测试成绩的影响与对期中测试成绩的影响相同（0.328 vs 0.322），这表明该解释并非是主要原因；第二，“罗森塔尔效应”（Rosenthal effect）——别人对于自己施加期望时会更加勤奋，为了不让老师失望，班干部会增加学习投入，并且如果成绩不好也将影响其在班里的声望。

9.5.2　担任班干部对自信和受教育意愿的影响

表 9.5 显示了担任班干部对自信和受教育意愿的影响。列（1）和列（2）表明担任班干部并不会影响一个人对于自己学习能力的认知。虽然担任班干部提高了候选人 1 的学习成绩，但没有提高其成绩排名的预测。列（3）显示担任班干部减轻了候选人 1 过度自信的程度（p=0.013，q=0.065）。列（2）对候选人 2 的

估计系数是不显著的，但是估计值并不小，被任命为班干部提高年级排名 7.49 个百分点。列（4）系数不显著，表明担任班干部对候选人 2 过度自信指标没有影响。列（5）和列（6）给出了担任班干部对于学生受教育意愿的影响结果，担任班干部的学生比没有担任班干部的学生愿意多接受 0.2~0.3 年的教育。列（7）~列（10）给出了担任班干部对学生回答参与公共物品博弈行为影响的结果。列（8）表明对于候选人 2 来说，担任班干部增加其首先提供公共物品的愿望（34.2 个百分点，p=0.016），但在经过 FDR 调整后的结果在 5%上变得不显著（q=0.065）。列（9）和列（10）系数均不显著，表明担任班干部不影响候选人 1 和候选人 2 提供公共物品的数量。

9.5.3　担任班干部对成功因素认知的影响

表 9.6 显示了担任班干部对成功因素认知的影响。问卷要求学生从 6 个影响成功的因素（努力程度、教师水平、父母的管教、天赋、同学或者朋友的帮助和家庭教育环境）[①]中选出 3 个其认为最重要的因素。如果个体存在自私偏误——通过扭曲信念来支持自我利益，那么他会更倾向于将成功归于自己的努力，将失败归于外在因素（Duval and Silvia，2002）。一种特定形式的自私偏误是归因偏误，即将成功归于自己的努力，将失败归于外在因素（van den Steen，2004）。鉴于此，担任班干部的学生也许会将成功归因于自己的努力，而没有担任班干部的学生则会将失败归因于外在因素。实证研究表明，在不同情况下自私偏误的影响不同。Babcock 和 Loewenstein（1997）认为自私偏误会影响议价能力，Billett 和 Qian（2008）发现自私偏误会导致 CEO（chief executive officer，首席执行官）过度自信，然而 Dahl 和 Ransom（1999）研究发现自私偏误并不影响慈善事业的公平捐赠。

列（1）和列（2）显示了担任班干部对将努力视为影响成功最重要因素的影响[②]。对候选人 1 来说，担任班干部使得候选人 1 将努力视为影响成功最重要因素的概率增加 20.7 个百分点（但不显著，p=0.158）；对候选人 2 来说，担任班干部使得候选人 2 将努力视为影响成功最重要因素的概率增加 26.1 个百分点（p=0.015），但是经 FDR 调整的结果不显著（q=0.065）。候选人 2 的回归系数大于候选人 1 的回归系数，这说明班干部错误地判断了成功的因素，即在非随机的情况下候选人 2 并不是班干部的最佳选择。列（3）~列（12）显示了担任班干部对于将其他因素视为影响成功最重要因素的影响。所有的系数为负值，但不显著，从算术的角度来看，担任班干部增加将努力视为影响成功最重要因素的概率是因为

---

① 问卷还给出了第 7 种因素：考试运气，然而实验中没有学生将其归为前 3 个最重要的因素。

② 将努力视为前 2 个或者前 3 个最重要的因素之一时结果依然稳健。

担任班干部降低将其他因素视为影响成功最重要因素的概率。

担任班干部对把努力视为成功重要因素的影响，究竟是因为担任班干部者的自我夸大，还是源自没有担任班干部候选人的怨恨呢？一方面，担任班干部的学生会认为班干部职位是他们挣来的，而不是因为随机安排的（他们并不知道随机安排）；另一方面，未能担任班干部的候选人为自己落选而感到难过并将原因归结于外在因素。为了区分这两者，本章在刚开学时和学期结束时分别对学生进行调查。与非候选人学生相比，候选人 1 中担任班干部的学生将努力视为影响成功最重要因素的概率增加 7.0 个百分点，候选人 2 中担任班干部的学生将努力视为影响成功最重要因素的概率增加 21.3 个百分点。相反，候选人 1 中未担任班干部的学生将努力视为影响成功最重要因素的概率降低 2.5 个百分点，候选人 2 中未担任班干部的学生将努力视为影响成功最重要因素的概率降低 9.7 个百分点①。可以看出，大部分的效果来自担任班干部增强了将努力视为影响成功最重要因素的信念，而不是落选者削弱了将努力视为影响成功最重要因素的信念。

9.5.4　担任班干部对社会关系和受欢迎度的影响

表 9.7 显示了担任班干部对社会关系和受欢迎度的影响。列（1）和列（2）显示了担任班干部对候选人报告最亲近朋友个数的影响。担任班干部使得候选人 2 报告最亲近朋友的个数翻倍，但系数不显著（p=0.066，q =0.183）。但同时，列（4）表明担任班干部的候选人 2 会被其他学生视为朋友的概率减少了 27%（0.55/2.04≈0.27，p=0.053，q=0.163）。列（5）和列（6）给出了潜在任职效应，结果变量是如果进行班干部选举获得其他学生投票的数量。列（5）说明了在假设选举中候选人 1 担任班干部会多获得 9.45 票（增加 262%）的支持（p=0.008，q=0.061），但列（6）显示候选人 2 担任班干部只多获得 2.23 票（p=0.171，q= 0.364）。由此可以看出，在任者优势对于有能力的学生（候选人 1）更大。因此，担任班干部本身并不会增加受欢迎的程度，而是担任班干部和候选人的能力共同影响选票结果。或者即便是候选人 2 有足够能力去担任班干部时，人们也会认为候选人 1 是最好的，这使得担任班干部对候选人 2 而言产生负面影响。

① 总体来说，非候选人学生将努力视为影响成功最重要因素的概率降低 7 个百分点。

9.6 讨 论

9.6.1 总结

本章通过在中国一所中学班级中随机安排班干部来研究担任班干部对该学生在提高成绩、培养自信和受教育意愿、受欢迎度等其他对获得成功的自信的影响。对于更有可能担任班干部的学生（候选人 1）来说，担任班干部提高其成绩 0.3 个标准差，增加其至少 3 倍的受欢迎度（干预组的处理效应），这些影响持续了 5 个月（一学期），是否还会持续下去，我们不可得知。对于候选人 2 来说，担任班干部能够增强其自信心。研究结果表明，担任班干部增强了他们以身作则的意愿，强化了其将努力视为影响成功最重要因素的信念，但是证据不足以表明担任班干部能增加其过度自信的行为，这说明若将担任班干部的机会给更低能力层次的学生会产生的影响。

本章利用非参数置换测试法和 FDR 进行统计推断使估计结果更加接近真实效应。然而，本章的样本量有点小，使得点估计结果不十分精确，因此真实效应的大小与本章结果点估计结果可能存在差别，在解读的时候需要注意。

还有一种估计方法是采取事后概率的方法（Maniadis et al.，2014）。为了简化，我们采用贝叶斯框架：假设 β_1 等于 0 的概率为 p，β_1 不等于 0 的概率为（$1-p$），事后概率通常依赖事前对概率的估计，因此本章计算多个事前概率下的事后概率。为了计算事后概率，需要利用 β_1 不等于 0 时的值，利用表 9.4 列（5）的估计值 0.325 及其标准误 0.10[①]。由于估计的是对两类候选人的影响，本章将显著性水平的临界值 0.05（或 0.01）调整为 0.025（或 0.005）。

表 9.8 为在不同假设下 β_1 不等于 0 时的事后研究概率。列（1）为显著性水平为 0.05 下的结果，假设事前概率为 0.05，即担任班干部有 5%概率影响成绩[②]，在该情况下，事后概率为 46%。如果事前概率上升为 0.10，即担任班干部有 10%概率影响成绩，在该情况下，事后概率为 65%，如果事前概率上升为 0.25 或 0.50，即担任班干部有 25%或 50%概率影响成绩，那么事后概率上升为 85%或 94%。列（2）为显著性水平为 0.01 下的结果（t 值大约为 2.6），当事前概率为 0.05 时，事后概率为 76%；

① 表 9.4 列（5）A 部分系数标准误为 0.047，但是聚类数较少会影响结果的估计，因此这里本章采用较为保守的估计，采用和排列测试 p 值相同下的标准误 0.10。

② 该假设为贝叶斯假设。通俗来讲，20 个假设中只有 1 个假设是正确的。

事前概率为 0.10 时，事后概率为 87%；事前概率为 0.25 时，事后概率为 95%；事前概率为 0.50 时，事后概率为 98%[①]。

表 9.8 $\beta_1 \neq 0$ 的后研究概率

要求的显著性水平	α=0.05 （1）	α=0.01 （2）
事前概率 $\beta_1 \neq 0$		
0.05	0.46	0.76
0.10	0.65	0.87
0.25	0.85	0.95
0.50	0.94	0.98

注：β_1 不为 0 时的事后概率表示给定 β_1 不为 0 的先验概率（每行不同）和显著性水平（每列不同）下的 β_1 不为 0 时的概率。所有情况都假设 β_1 标准误为 0.10 及估计值为 0.325（若 $\beta_1 \neq 0$）

多数经济学家对于事后概率并无了解。尤其是列（1）事前概率为 0.050，事后概率为 46%，这意味有 54%的概率得到错误的正显著结果。然而在事前概率为 0.05，显著性水平为 0.05 的情况下，由于得到正确的正显著结果不超过 5%，事后概率不可能超过 51%，为了得到较准确的结果，需要将显著性水平降低为 0.01 或 0.005，在事前概率为 5%的情况下，事后概率变为 76%和 85%。总体来说，事后概率表明即使某些人事前深刻怀疑担任班干部对成绩有影响这件事，其也会在事后修正他们的信念。

9.6.2 结论普遍性

本章结论普遍适用性需要考虑以下三个方面：第一，研究结果有多大可能性被拓展到实验学校之外的其他学校？第二，本章研究的提高成绩、培养自信和受教育意愿、受欢迎度等其他对获得成功的自信因素在学校之外的场景有多大意义？第三，在其他背景下担任领导者是否会产生与本章类似的影响？

首先，考虑结论的普遍适用性，即在中国其他学校是否会得到与本章类似的结论。Al-Ubaydli 和 List（2012）认为，人们会研究随机特征 Z_s（有些不可观测）对于异质性处理效应的影响，令 z_1 为本章研究的学校，若本章更新了对 S 学校处理效应的事前概率，那么将会产生多个结果。若结论适用于 z_1 周边以外的学校，那么结论就是普遍适用的；若结论只适用于 z_1 周边以内的学校，那么结论就是局部适用的；若结论适用于 $Z_s=z_1$ 的情况，那么结论就是不能推广使用的[②]。

① 为了避免采用较显著的 β_1 进行计算，本章利用 β_1 接近于 0 的值进行同样估计，发现对结果的影响不大。

② 普遍性还取决于实验处理效应值的大小及这个值与本章关心的目标区域值的大小。例如，处理效应为收入所得税率（0~100%）。本章的处理效应为二元 0-1 变量，因此不需要考虑处理效应大小的问题。

本章结论主要是在全局适用性还是局部适用性上做区分。零适用性意味着处理效应在 z_1 处不连续或者 z_1 脱离 Z_s 真实世界之外，然而这两种情况都不适用本章的结论。后者不可能的原因是因为本章的实验是自然实地实验。当考虑局部适用或者全局适用性时，本章假设 Z_s 最重要的因素是班干部任命过程和学生们对于班干部的服从度，这直接影响班干部的激励和声誉。由于班干部任命过程同中国大多数学校的班干部任命过程相同且学生们担任班干部的意愿强烈，从这个角度来看，本章的结论是普遍适用的①。结论普遍适用只表明本章结论对所有学校来说是比较重要的。

其次，第二个问题，即本章的结论在班级之外的环境中是否重要，这和实验室实验结论是否可以被推广到真实世界相类似。Levitt 和 List（2007）列出了实验室结论被推广到现实的六大问题：实验参与人的选择、与市场行为的差异、短期效应和长期效应、风险大小、内生制度和组别差异。前两个因素不可能影响本章结论：①进入实验的候选人与本章实验设计无关，所有学生都可能担任班干部且任命规则与非实验情况下相同，因此实验参与人的选择与实验无关；②希望当班干部是校园中常见的行为，因此实验与市场行为间没有差异。剩下的四个因素对不同的结果影响不同。具体表现如下。

第一，对于测试成绩来说，短期影响和长期影响相关性较强。本章将最开始测试成绩的时间和几个月后的测试成绩时间中间的时间视作中期，这个时期比一般的实验室实验时间（一般实验时间按分钟或小时计算）要长。由于教育体制时间的限定，本章无法得到实验以后多年的测试成绩数据，无法计算长期影响。

第二，对于假设的选举实验来说，内生制度是一个重要因素。由于是假设的选举，没有学生或者候选人会真正参与选举中，若在位者的优势仅仅是知名度，那么当更多的人参与选举时就会减弱这种优势。然而候选人 1 的在位者优势大于候选人 2 的在位者优势，因此知名度不是在位者优势的唯一原因。

第三，在公共物品博弈游戏中，利益的大小是一个重要因素。当选的班干部可能在该问题的回答中更愿意首选参与博弈，但如果在有现实经济激励的情况下，可能就不是同样行为了。利益的大小同样对影响成功因素认知的分析很重要，此时有两方面不同影响：一方面，相比于公开声明，学生在私下调查时更可能把成功归因于自己；另一方面，相比于有经济激励情况，对学生的私下调查更不易产生自私偏误。

第四，本章没有发现性别、种族或者年龄影响的差异，因此组间差异不会影响本章结论的适用性。但是本章发现是否担任班干部在候选人 1 和候选人 2 上的不同影响：担任班干部影响候选人 1 的成绩和受欢迎度，影响候选人 2 的自信程

---

① 本章的自然实地实验与其他实地实验不同的是，个人参与决定对结果影响不大。

度。在现实世界中，这个差异是否会变化部分取决于当增加选举候选人 2 概率时是否会减少对候选人 1 和候选人 2 的影响，也即一般均衡效应与本章的局部均衡效应不同。

最后，在其他背景下（尤其是劳动力市场）担任领导者是否会产生与本章类似的影响。第一，担任班干部对成绩影响的结论不具普遍适用性，这个结论只适用于有学术测试的环境。然而成绩是维持班干部职位的一个重要因素，因此可以猜测在其他环境下担任领导者对维持领导职位的因素有影响，如基于工资增加的职位晋升就可以激励领导者。第二，在位者优势也会出现在其他环境中，Lee(2008)发现国会选举中存在在位者优势。第三，自信存在于多种环境中，因此担任领导者对自信也会产生影响，且影响大小与度量方法和环境有关。

未来的研究方向有两个：一是可以将本章的实验研究推广到更多环境下进行，验证结论；二是可以收集实验以后多年数据进行长期效应分析。

10 常规信息和特定信息在交通违规中的威慑作用[①]

10.1 引 言

根据标准的经济学模型，惩罚可以阻止违法行为（Becker，1968；Stigler，1970）。如果人们不清楚违法被抓的概率或者低估惩罚力度，则现行处罚措施就无法有效阻止违规行为。这意味着信息的提供和强化在威慑效应中十分重要。本章通过一项创新的随机试验设计检验几种与信息相关的策略对威慑违规行为的影响。

我们将中国青岛的司机随机分到控制组或者四个干预组。所有干预组都会收到来自青岛交警的手机文字短信。其中，一个倡导性短信提醒司机安全驾驶；一个警示性短信提醒司机超过 90%的主要街道交叉路口装有电子监控装置；一个惩罚性短信重复警示性短信的信息，并强调闯红灯将受到严厉惩罚；一个罚单短信告知司机本人最近收到了多少罚单。一个驾驶员除非经常上网查询，否则可能几个月都不清楚由电子监控设备开具的罚单数量。因此，罚单短信为大多数驾驶员提供了新的信息。

和控制组没有收到短信的驾驶员相比，收到罚单短信的驾驶员在接下来的一个月中出现违规的可能性降低了 14%。相反，收到常规短信的干预组驾驶员违规行为情况和控制组驾驶员相差无几。这些结果表明，驾驶员对个人化的执行信息而非常规信息做反应。罚单短信干预的威慑效应只能在短期内持续——它在六周内有效，然后迅速消失。

进一步结果表明，在两个包含很少新信息或者根本没有新信息的子样本中，罚单信息干预并没有威慑力。因此，罚单信息的效果来自短信内容中的新信息，而不仅仅是因为短信的个性化。在不知道自己当前罚单信息的条件下，驾驶员驾

---

① 本章改编自 Lu 等（2016）。

驶方式和他们违规未被查出时相同。因此，本章的研究还为前期执法是否具有威慑效应提供了新的证据。

大量文献研究了警察执法的威慑效应（Marvell and Moody，1996）。当前大部分研究集中于解决执法力度和违法行为互动决定而产生的内生性问题（Levitt，1997；Corman and Mocan，2000；Tella and Schargrodsky，2004；Drago et al.，2009；Draca et al.，2011；Machin and Marie，2011）。提高违规被抓概率和惩罚严厉程度可以起到遏制部分违规行为的作用。以往研究分析了警察数量变化的影响，但无法分离威慑效应和处罚效应。本章的研究保持电子监控数量等影响因素不变，而只是随机改变驾驶员收到的短信内容，这些内容包括以何种方式捕捉违规行为、违规后受处罚的轻重及违规行为是否被抓等。

本章的研究对研究个人经历影响的文献有贡献。Sah（1991）推断，如果人们能够从他人口中或自己经历中得知违法被抓的可能性，则即使是监管的暂时变动也可能会产生滞后且长期持续的影响。该实验研究结果显示，告知驾驶员以往的违规行为已经被发现这个举动可以威慑其之后的违规行为。然而很不幸，在我们的研究中威慑所带来的影响只能在短期内持续。我们的结果和 Lochner（2007）的一致：过去盗窃但未被抓住的人会预期在未来违法被抓住的可能性更低。Haselhuhn 等（2012）发现，因租赁影像过期未还而被罚的经历显著提高了人们按时归还的比例，但是这种影响会很快消失。

我们的干预——其中驾驶员被告知电子监控的广泛使用和处罚的严厉程度——检验了行为经济学文献所暗示的有限学习或有限关注的效应（Dellavigna，2009）。但我们发现手机文字短信发送的常规消息没有影响。这一结果与 Fellner 等（2013）的研究不同，他们发现强调高发现率可以提高人们为公共广播支付年费的意愿。对我们的结果的一个可能解释是，这些常规信息没有向大多数驾驶员提供新的信息。

以低成本降低交通违规行为将会对社会大有裨益。交通违规行为是交通事故发生的一个主要原因。中国的汽车保有量增长迅速，从 2005 年的 580 万辆很快增加到 2011 年的 1 850 万辆，因此减少交通违规行为变得越来越关键[①]。2010 年中国共发生 390 万起交通事故，导致 65 225 人死亡、254 075 人受伤，财产损失 9.3 亿元。

Retting 等（1999a，1999b）评估过红灯相机的效应。Bar-Ilan 和 Sacerdote（2004）发现较高的罚款可以减少闯红灯行为。Deangelo 和 Hansen（2014）指出，州政府减少财政支出而导致的交警数目减少会显著增加交通事故中的伤亡人数。Hansen（2014）发现，严厉的惩罚措施可以减少醉驾司机的再次违规。Habyarimana 和 Jack（2011）使用回顾信息作为政策工具，发现激励乘客大声指出司机的不良驾驶习

---

① 《中国汽车工业年鉴（2011）》。

惯可以改善长途面包车的安全状况。Habyarimana 和 Jack（2015）进一步将用户自主和自上而下进行比较，结果显示后者在改善交通安全方面作用较弱。为了促进司机在道路交通中遵章驾驶，本章的研究考察了几种（低成本的）直接以文字消息方式给驾驶员发送信息的策略。

本章 10.2 节描述青岛的交通规则及车辆车主的特征；10.3 节讨论对司机信息了解程度的实验前调查；10.4 节详细说明实验设计与安排；10.5 节描述数据和随机性检验；10.6 节给出研究结果；10.7 节对实验结果进行总结并得出结论。

10.2 背　　景

我们在青岛——中国一个富饶的沿海城市进行了这次实验。青岛人均 GDP 水平位于全国前 10%。近年来，青岛经济发展迅速，汽车保有量也大幅上升。截至 2012 年 3 月，青岛注册登记的机动车数量为 180 万辆，其中有一半是登记在个人名下非商业用途的私家车。登记记录中约有 2/3 的车主登记了手机号码。

为监测违规行为，青岛使用了三种电子设备——测速器、闯红灯摄像头和监控摄像头，即人们所说的“电子警察”。测速器可以检测车辆的行驶速度。闯红灯摄像头和监控摄像头可以提供违规的图像证据，闯红灯摄像头除了可以监控闯红灯行为，还可以自动拍摄各种违规行为，并且能够实现 24 小时精确监测。监控摄像头能捕捉更多种类的违规行为，但是需要人工操作，因此限制了监控效果。

这些电子设备从 2010 年才逐渐被广泛使用。测速器主要安装在高速公路两侧或靠近学校的地方；闯红灯摄像头主要安装在靠近学校的交叉路口；每个红绿灯路口都装有监控摄像头，农村地区的主要道路交叉口也装有监控摄像头。沿路会放置警示牌提示司机注意电子监控。

对违规的惩罚措施包括罚款和扣分两种。三种最常见违规行为及其对应的处罚是：①违规调头，罚款 100 元（15.7 美元）并扣 2 分；②超速 10%~30%，罚款 50 元并扣 3 分；③闯红灯，罚款 200 元并扣 3 分。2011 年青岛每月平均罚款收入为 2 730 元[①]。汽车在中国仍然属于奢侈品，一辆车的价格约为一个普通人年收入的 5 倍，因此车辆所有者一般比普通居民更加富有。

当电子设备监控到车辆违规时，青岛交警会开出罚单但并不会给车主发送信息。有两家公司以向车主发送短信告知其近期违规情况作为盈利业务，费用

① 《青岛统计年鉴（2011）》。

为 3 元/月。这两家公司的客户总人数不足 5 万人（少于私家车车主的 5%）[①]。车主可以通过网上查询、电话查询，或者到交通管理局查询自己的违规记录。但实验前的调查结果显示，大部分车主不会经常查询违规记录。

通过电子监控捕捉到的交通违规行为只有在车辆年检时才会被要求交罚款。根据国家相关规定，从注册日起至今低于 6 年的车辆每两年进行一次年检，6~15 年的车辆每一年进行一次年检，15 年以上的车辆每半年进行一次年检。因此，新车车主可能两年内都不会处理罚单。若车主未按时进行车辆年检，将被罚款 200 元并扣 3 分。

10.3 实验前调查

为了探知司机对电子警察和交通法规的了解，我们在实验前 4 天，即 2012 年 4 月 14 日进行了基线调查。随机抽取了 643 位私家车车主进行了访问，有 381 位车主（59%）接听电话，其中有 266 人（70%）完成了调查[②]。

当被问及电子监控设备的普及情况时，71%的受访者认同“90%以上的主要街道装有电子警察”的说法，另有 14%的受访者表示反对，15%的受访者回复不知道。车主若了解监控摄像头和闯红灯摄像头的安装位置，则很容易对它们进行区分，然而 3/4 的受访者无法分辨。事实上，监控摄像头和闯红灯摄像头捕捉违规行为的成功率不同，而且很容易区分。因此，我们可以得出结论：大部分司机对电子监控设备了解有限。

当被问及闯红灯被监测到的可能性时，受访者有不同的看法：72%的人认为可能性在 80%及以上，10%的人认为可能性低于 80%，另外 18%的人认为不会被监测到或者不想回答。当被问及对闯红灯相应的处罚（从 2004 年起到实验未曾改变过）的了解时[③]，70%的受访者知道罚款金额，但只有 50%的受访者知道确切的扣分情况。

我们还调查了受访者查询违规记录的频率。受访者中，29%的人每周或者每月查看一次，26%的人在他们觉得有违规行为时查看，其余 45%的人并不经常查看。后两种司机可能在下一次车检前对罚单毫不知情。调查进一步询问了受访者是否曾经在违规至少三个月后才发现违规。在有过违规的司机中，有 2/3 的受访者有过这样的经历。这说明大部分司机很可能不知道近期的违规情况[④]。

---

① 有一些客户并不是自己付费，而是保险公司为他们提供这个付费服务。

② 问卷回答者和注册了手机号码的私家车群体在各种指标上没有显著差异。

③ 在我们实验之后，罚款金额在 2013 年提高了。

④ 有一半的车主报告在 2011 年 1 月到 2012 年 3 月有交通违规行为，这和数据里 53%的车辆有交通违规行为是一致的。

10.4 实验设计

实验是以青岛市交警的名义给司机发送手机短信。我们将车主随机分为五组。

控制组。司机不会收到任何短信。

倡导组。司机会收到如下短信，“青岛市交警提示您：为了您和他人的安全，请谨慎驾驶”。

警示组。司机会收到如下短信，“青岛市交警提示您：90%以上的主要道路交叉路口都装有电子监控设备，闯红灯等违规行为将被记录。为了您和他人的安全，请谨慎驾驶”。

处罚组。司机会收到两条短信。其中一条和警示组短信相同，另一条为“青岛市交警提示您，按照《中华人民共和国道路交通安全法》，闯红灯行为将被处以200元罚款并扣3分。为了您和他人的安全，请谨慎驾驶”。

罚单组。司机会收到最近交通罚单情况的短信。短信分为四部分。第一部分与倡导组短信相同。第二部分为，“亲爱的车主，您车牌号为（车主车牌号）的车辆在1月至3月收到（数量）张罚单，具体情况如下”（另外一个版本用的是1月至3月的违规情况）①。第三部分报告了每次违规的地点、时间及违规类型②。第四部分为，“如果您已经处理这些罚单，请忽略此条短信”。

由于大部分司机从未收到过交警的短信，因此我们认为这类短信会产生霍桑效应，即违规行为的减少是因为短信本身而不是短信内容。设置倡导组是为了考察提醒安全驾驶的常规短信的作用，以减少霍桑效应。

我们采用分层随机方法对车主进行分类，分类的依据为：车辆注册地（12个区）、首次注册时间（2004年及之前，2005~2008年，2009年及之后）、2011年1月至2012年3月期间违规次数（没有违规、1~2次违规、3~10次违规、11次及以上违规）、车主性别③。随机将每一类别分为20个子群体（编号为1~20），并把编号相同的子类合并在一起生成20个组。

将随机生成的20个组中10个组作为控制组，3个组作为倡导组，1个组作为警示组，1个组作为处罚组及2个组作为罚单组（其中一组收到2012年1~3

① 那两个版本的干预在任何检测上都没有差异，因此我们把这接受两个版本干预的组合并了。

② 如果一辆车有3个以上的罚单，仅有最后3个罚单的详细信息被发送，信息里的语句改为“……2月和3月，最后3条违规信息如下”。

③ 如果两辆车共享一个手机号码，他们会被分配在同一个组。有11次及以上违规的车主在分区域、分注册年份之后人数比较少，因此并没有进一步按照性别再分组。

月的罚单情况，另一组收到 2012 年 2~3 月的罚单情况）。余下小组留作其他实验研究对象，在该次实验中没有使用。

我们仅考察留有联系手机号码的私家车辆。考虑到拥有多辆车的车主不能及时收到短信，我们排除了 3 辆及以上车辆共用一个手机号码的样本。由于罚单处理只针对近期有过违规行为的司机，所以在随机分组后，我们除去了组别中（4 个干预组和 1 个控制组）2012 年 2 月和 3 月期间没有违规行为的车辆。在样本限制条件下，我们可以通过观测有不良驾驶习惯司机的违规情况，研究各项信息策略对未来违规情况的影响效果。最终样本容量为 85 448 辆车。

10.5 数据、统计量概述和随机性检验

我们将车辆登记数据和违规数据进行合并。车辆登记数据是对 2012 年 3 月 31 日前登记车辆情况的简单描述，包括车牌号、车辆品牌和型号、注册地、注册时间、最近一期年检时间，还包括车主性别、年龄和手机号码。

违规数据包括了电子设备监测到的违规记录，包括违规时间及地点、违规类型、罚金、扣分情况、罚单是否已被处理（司机接受罚单或起诉）、是否已缴纳罚金。数据中包含 2011 年 1 月 1 日到 2012 年 6 月 14 日期间的违规情况，但并不包括 2012 年 4 月 1 日到 2012 年 4 月 19 日的数据[①]。由于两组数据都不包含车辆价格信息，我们利用几个网站的数据补充了车辆价格数据[②]。

所有短信于 2012 年 4 月 18 日和 2012 年 4 月 19 日下午发送。图 10.1 展现了事件发生时间及先后顺序。

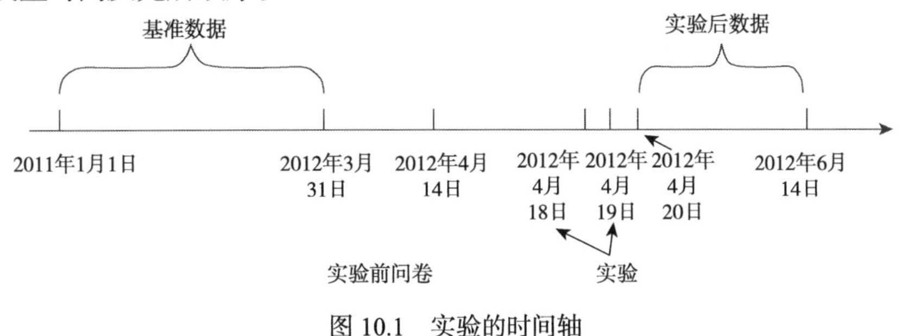

图 10.1 实验的时间轴

表 10.1 是各变量的描述性统计。从均值来看，车主平均年龄为 38.83 岁，有

① 交警部门在 4 月初、我们实验之前对其违规数据库做技术更新。在那个短暂时间内的违规数据不完整。因此，我们使用的违规数据是 2011 年 1 月 1 日到 2012 年 3 月 31 日，以及 2012 年 4 月 19 日之后的数据。

② 主要使用的网站有 http://car.bitauto.com，和 https://www.autohome.com.cn。

74%为男性。车辆平均车龄为 3.09 年。如果购买新车，车辆平均价格为 15.90 万元（约 25 000 美元）。由于样本中仅包含 2012 年 2 月到 3 月期间至少有一次违规的车辆，这些车辆在两个月中平均违规次数为 1.57 次。在 2011 年 1 月至 2012 年 3 月这 15 个月期间，样本车辆平均收到 4.58 张罚单，被扣 10.95 分，罚款 570.67 元。截至 2012 年 3 月 31 日，已被处理的罚单不足 1/4，仅有 7.4%的车主缴纳了所有罚单的罚金或者提出上诉。截至 2012 年 3 月 31 日，有 3.5%的车辆未按时进行车检。

表 10.1　描述性统计

变量	均值	标准差
基准特征		
司机年龄/岁	38.83	9.42
男性司机	0.74	0.44
车龄/年	3.09	2.86
车辆价格/万元	15.90	15.93
违规次数/次（2012 年 2 月至 3 月）	1.57	1.32
违规次数/次（2011 年 1 月至 2012 年 3 月）	4.58	5.08
罚款/元（2011 年 1 月至 2012 年 3 月）	570.67	715.05
罚分/分（2011 年 1 月至 2012 年 3 月）	10.95	13.90
已处理违规的占比	0.243	0.348
是否处理了所有违规记录	0.074	0.262
已付罚款的违规的占比	0.232	0.340
截至 2012 年 3 月 31 日是否车检过期	0.035	0.184
实验后的结果（2012 年 4 月 20 日至 2012 年 5 月 19 日）		
总违规次数/次	0.265	0.717
违规调头	0.067	0.349
超速（10%~30%）	0.053	0.294
闯红灯	0.035	0.199
罚款/元	32.45	101.00
罚分/分	0.603	1.793

注：样本量为 85 448

在排除 2012 年 2 月、3 月期间无违规行为的车辆之后，控制组、倡导组、警示组、处罚组、罚单组车辆数目比例为 10∶3∶1∶1∶2，和未排除前比例相同。因此，最近收到交通罚单的司机在各组数量达到均衡，也证明随机分组的有效性。表 10.2 补充了随机性检验的结果。每一行末是对各组相应变量均值进行 F 检验的 p 值。基于这些检验，我们在 0.05 的显著性水平下不能否定变量的随机性。

表 10.2　随机性检验的结果

背景变量	控制组	罚单组	倡导组	警示组	处罚组	p
司机年龄/岁	38.79	38.86	38.87	38.88	38.93	0.75
	(9.40)	(9.47)	(9.52)	(9.28)	(9.42)	
男性司机	0.74	0.74	0.74	0.74	0.75	0.87
	(0.44)	(0.44)	(0.44)	(0.44)	(0.44)	
车龄/年	3.09	3.10	3.11	3.07	3.12	0.86
	(2.86)	(2.87)	(2.87)	(2.83)	(2.84)	
车辆价格/万元	158.83	158.50	157.98	160.10	163.14	0.40
	(158.36)	(158.21)	(160.64)	(157.68)	(168.01)	
违规次数/次（2012 年 2 月至 3 月）	1.57	1.56	1.58	1.56	1.56	0.91
	(1.32)	(1.34)	(1.32)	(1.29)	(1.36)	
违规次数/次（2012 年 1 月至 2012 年 3 月）	4.59	4.58	4.59	4.61	4.54	0.97
	(5.09)	(4.89)	(5.18)	(5.15)	(4.89)	
罚款/元（2011 年 1 月至 2012 年 3 月）	572.71	567.30	568.80	572.97	560.52	0.75
	(721.33)	(716.25)	(713.44)	(701.61)	(666.98)	
罚分/分（2011 年 1 月至 2012 年 3 月）	10.98	10.88	10.92	10.98	10.75	0.78
	(13.98)	(13.46)	(14.12)	(13.92)	(13.27)	
已处理违规的占比	0.24	0.24	0.24	0.25	0.24	0.91
	(0.35)	(0.35)	(0.35)	(0.35)	(0.35)	
是否处理了所有违规记录	0.07	0.07	0.08	0.07	0.07	0.68
	(0.26)	(0.26)	(0.27)	(0.26)	(0.26)	
已付罚款的违规的占比	0.23	0.23	0.23	0.23	0.23	0.96
	(0.34)	(0.34)	(0.34)	(0.34)	(0.34)	
是否车检过期	0.03	0.03	0.04	0.04	0.03	0.15
	(0.18)	(0.18)	(0.19)	(0.19)	(0.17)	
样本量	50 123	10 123	15 044	5 087	5 071	

注：括号中显示的是标准差

10.6　评估与结果

和控制组相比，干预组司机违反交通法规的可能性是否会更小？如果是这样，原因是什么？为了回答这些问题，我们用后续试验中的违规次数、罚款总金额、驾驶证总分数对以下变量进行回归：四个干预组的哑变量、车主是否为男性、车主年龄、预实验期间违规次数（2011 年 1 月至 2012 年 3 月）、新车时价格对数。

$$Y=\beta_0+\beta_1\text{ticket}+\beta_2\text{advocacy}+\beta_3\text{warning}+\beta_4\text{punishment}$$
$$+\gamma_1\text{male}+\gamma_2\text{age}+\gamma_3\text{past\_violation}+\gamma_4\log(\text{car\_price})+e \qquad (10.1)$$

10.6.1　主要影响

表 10.3 中，列（1）为泊松回归结果，用后续违规次数对四个干预组的虚拟变量（Ticket，Advocacy，Warning，Punishment）进行回归。考虑到两辆车共用一个手机号码的情况①，我们在电话号码层面聚类，并放松了同条件均值和方差的泊松假设（Deangelo and Hansen，2014）。

表 10.3　在随后一个月的主结果

结果变量模型	（1） 违规次数 Poisson	（2） 违规次数 Poisson	（3） 违规次数 OLS	（4） 罚款 OLS	（5） 罚分 OLS
控制组均值	0.270	0.270	0.270	32.98	0.612
自变量					
罚单组	−0.158***	−0.145***	−0.039***	−4.751***	−0.081***
	（0.031）	（0.030）	（0.007）	（1.012）	（0.018）
效果	−14.6%	−13.5%	−14.4%	−14.4%	−13.2%
倡导组	0.005	0.006	0.002	0.362	0.010
	（0.025）	（0.025）	（0.007）	（0.910）	（0.016）
警示组	0.055	0.060	0.014	1.149	0.027
	（0.041）	（0.040）	（0.011）	（1.523）	（0.028）
处罚组	−0.050	−0.045	−0.013	−1.543	−0.042*
	（0.039）	（0.038）	（0.010）	（1.513）	（0.025）
司机年龄/岁		−0.005***	−0.001***	−0.165***	−0.003***
		（0.001）	（0.000）	（0.035）	（0.001）
男性司机		0.067***	0.020***	2.091***	0.060***
		（0.022）	（0.006）	（0.800）	（0.014）
违规次数（2011 年 1 月至 2012 年 3 月）		0.036***	0.026***	3.173***	0.064***
		（0.003）	（0.001）	（0.192）	（0.003）
车辆价格		0.323***	0.078***	11.502***	0.237***
		（0.013）	（0.004）	（0.590）	（0.010）
常数项	−1.310***	−2.955***	−0.187***	−31.507***	−0.737***
	（0.012）	（0.074）	（0.020）	（3.046）	（0.052）

*表示在 10%的水平下在统计意义上显著不为 0；**表示在 5%的水平下在统计意义上显著；***表示在 1%的水平下在统计意义上显著

注：样本量为 85 448。考虑到一些车辆共享相同的手机号码，括号中的标准误聚类到手机号码层面

① 在样本里，仅有 3.2%的车辆和另外一辆车共享手机号码。

列（2）回归加入了额外的解释变量。两次回归中罚单组虚拟变量的系数数值相近，分别为-0.158 和-0.145，并且高度显著。列（2）中 z 变量系数为 4.81[①]。罚单短信的边际效应为：相对于控制组来说，罚单组车主交通违规次数减少了 13.5%[②]。在表 10.3 中，我们在标准误下报告了比例效应。

为了进行比较，我们在列（3）中使用和列（2）相同的自变量进行普通最小二乘法（ordinary least square，OLS）回归。结果表明：罚单组后续罚单减少了 0.039，比控制组降低了 14.4%。因此 OLS 回归的结果和泊松回归结果是一致的。

接下来我们分别用违规罚款和驾驶证分数度量司机在后续试验中的驾驶行为，这些变量是衡量违规行为的替代变量。列（4）和列（5）结果显示了通过 OLS 考察违规罚款和驾驶证分数随解释变量变化的情况。结果表明：罚单组司机在后续试验中少交罚款 4.751 元（14.4%）并少扣 0.081 分（13.2%）。这些百分比的变化和基于违规次数的结果相同。

由于不习惯收到交警发送的短信，交警的普通短信也可能威慑司机并带来霍桑效应，因而可能不是具体的短信内容发挥了减少司机违规行为的作用。我们设置的"倡导组"捕捉这种影响。表 10.3 中，倡导组变量的系数接近于零并且在统计上不显著。因此我们可以得出结论：罚单组和控制组在违规次数上的差别是由于收到短信的内容不同而不仅仅是由于收到短信本身。

警示组和处罚组的系数在所有回归方程中均为负值，但在 5%的显著性水平下都不显著（处罚组系数在 10%的显著性水平下在驾驶分数方程中显著）。考虑到在倡导组、警示组、处罚组、罚单组中短信的字数不同，因此短信的有效性并不取决于短信字数的多少。或许是，司机收到的关于电子设备普及情况或处罚措施的常规短信既不包含新信息也没有起到突出强调的作用。这和 Lochner（2007）关于抓捕率的常规信息对再次犯罪没有影响的结论相一致。

所有个人特征都对违规可能性有显著的影响。表 10.3 显示驾驶员年龄系数为负值，说明驾驶员年龄越大越不会违反交通法规[③]。过去经常违规的驾驶员未来也更容易继续违反交通法规。这些结果与 Bar-Ilan 和 Sacerdote（2004）的研究一致（该篇文章中研究了以色列和旧金山的交通违规情况）。驾驶较昂贵车辆的司机更容易违规。这可能是因为汽车价格是财富的替代变量，相对经济水平更低的车主来说，富有的车主对罚金更不敏感。在控制过去违规情况和车辆价格的条件下，

---

① 我们还运用负二项模型（negative binomial model）和 ZIP 模型（zero-inflated Poisson model）进行了估计，估计出的罚单组的系数分别是-0.155（z=-5.3）和-0.145（z=-4.53）。因为这些估计值非常接近于泊松模型的估计值，所以我们就不再报告它们。

② 罚单信息包括 2 个月还是 3 个月的信息，对于随后违规的影响没有差异。如果我们增加一个表示 2 个月信息的虚拟变量在列（3）里，其系数是 0.003，数值很小而且不显著。

③ 如果我们包括年龄的平方项，其系数非常接近于 0，并且不显著。

男性司机更容易违反交通法规。

为了考察罚单信息对不同人群的影响，我们在表 10.4 的回归中加入罚单组的虚拟变量和人群特征的交互项，结果显示罚单组的虚拟变量只有和过去违规情况的交互项系数显著为正值，表明罚单信息对之前频繁违规司机的威慑效果较小。

表 10.4　罚单干预和个体特征对违规的交互影响

自变量	（1）	（2）	（3）	（4）	（5）
罚单组×司机年龄	0.004				0.003
	（0.003）				（0.003）
罚单组×男性司机		0.069			0.066
		（0.068）			（0.069）
罚单组×过去违规次数			0.016***		0.016***
			（0.005）		（0.005）
罚单组×车辆价格				0.011	−0.020
				（0.039）	（0.039）
干预模拟变量	是	是	是	是	是
其他变量	是	是	是	是	是

*表示在 10%的水平下在统计意义上显著不为 0；**表示在 5%的水平下在统计意义上显著；***表示在 1%的水平下在统计意义上显著

注：样本量为 85 448。所有的回归都采用泊松回归。结果变量是随后 1 个月的违规次数。控制组的平均违规次数是 0.27。考虑到一些车辆共享相同的手机号码，括号中的标准误聚类到手机号码层面。其他变量包括四组实验虚拟变量、驾龄和性别、过去违规次数和车价的对数

表 10.5 中，我们考察各项干预对四种违规行为的影响效果：前 3 组为最常见的违规行为——违规调头、超速（10%~30%）、闯红灯，第 4 组为其他违规行为。表 10.5 中给出了控制组实验后 4 种违规行为的平均次数，分别为 0.068、0.054、0.036 和 0.112。在违规调头和其他违规行为的回归中，罚单信息虚拟变量的系数均为负值且在 5%的显著性水平下显著的结果表明：罚单信息减少了约 20%的违规调头行为和约 15%的其他违规行为，然而在 5%的显著性水平下对超速（10%~30%）和闯红灯的影响不显著。

表 10.5 对不同违规类型的影响

变量	（1） 违规调头	（2） 超速（10%~30%）	（3） 闯红灯	（4） 其他违规行为
控制组均值	0.068	0.054	0.036	0.112
自变量				
罚单组	–0.213***	–0.055	–0.113*	–0.161***
	（0.057）	（0.063）	（0.065）	（0.045）
效果	–19.2%	–5.3%	–10.7%	–14.8%
倡导组	0.020	–0.013	–0.044	0.023
	（0.047）	（0.053）	（0.052）	（0.035）
警示组	0.137*	0.065	0.044	0.013
	（0.075）	（0.089）	（0.080）	（0.058）
处罚组	–0.037	–0.048	–0.121	–0.025
	（0.076）	（0.077）	（0.086）	（0.054）
其他变量	是	是	是	是

*表示在 10%的水平下在统计意义上显著不为 0；**表示在 5%的水平下在统计意义上显著；***表示在 1%的水平下在统计意义上显著

注：每一列有 85 448 个观测值。所有的回归都采用泊松回归。考虑到一些车辆共享相同的手机号码，括号中的标准误聚类到手机号码层面。其他变量包括驾龄和性别、过去违规次数和车价的对数

10.6.2 影响机制

相对于干预组中的其他常规信息，罚单组的短信内容是因人而异的。在实验中只有罚单组可以预防违规行为的发生，那么是短信中内容的个性化还是有效性（即包含有用的信息）起到了作用呢?

为考察“有效”是否重要，我们考察了罚单短信对那些已经了解罚单情况的司机的影响。表 10.6 给出了在后续实验中违规次数对解释变量进行泊松回归的结果。列（1）中回归使用实验前已经处理过所有罚单的司机作为样本。这组司机已经知道他们的罚单情况，因此不会从罚单短信中获得新信息。结果显示，罚单组虚拟变量系数并不显著。列（2）回归使用的样本中排除了已处理罚单的司机，结果显示该样本下罚单组的处理效应相比全样本的处理效应更强。

表 10.6 罚单干预对不同司机的影响

变量	（1） 罚单皆处理	（2） 有罚单未处理	（3） 年检到期	（4） 年检未到期
控制组均值	0.157	0.279	0.234	0.271
自变量				
罚单组	0.061	–0.155***	–0.074	–0.149***
	（0.121）	（0.031）	（0.142）	（0.031）
效果	6.2%	–14.4%	–7.1%	–13.8%
倡导组	–0.011	0.009	0.009	0.003
	（0.100）	（0.026）	（0.133）	（0.026）
警示组	0.056	0.058	0.342	0.046
	（0.233）	（0.041）	（0.213）	（0.041）
处罚组	0.108	–0.053	0.272	–0.060
	（0.162）	（0.039）	（0.175）	（0.039）
其他变量	是	是	是	是
样本量	6 309	79 139	3 478	81 970

*表示在 10%的水平下在统计意义上显著不为 0；**表示在 5%的水平下在统计意义上显著；***表示在 1%的水平下在统计意义上显著

注：所有的回归都采用泊松回归。列（1）中的司机已经处理过罚单，因此这组司机已经知道他们的罚单情况。列（3）中的司机被要求处理罚单，因此他们可能知道自己的违规情况。列（2）和列（4）分别是列（1）和列（3）的对立样本。考虑到一些车辆共享相同的手机号码，括号中的标准误聚类到手机号码层面

列（3）的样本是需在 2012 年 3 月前进行年检的司机（到期年检样本）。年检日期由车辆注册日决定，因此车辆是否需要进行年检与车主个人特征无关。车主需要在年检之前处理完所有罚单。在到期年检样本中，有 45%的车主在实验前完全处理了未缴付的罚单[①]，他们从罚单短信中没有获取到新信息。作为对比，列（4）中包含到期未进行车检的样本，其中仅有 5.7%的司机处理了全部交通罚单。罚单短信在列（3）和列（4）中影响分别为–7.1%和–13.8%，这和从罚单信息中获得新信息的司机占比 0.55 和 0.94 正好是成比例的（7.1/13.8=0.51，0.55/0.94= 0.58）。因此，罚单短信的效果取决于信息内容而不仅仅是内容的个性化。事实上，只有当司机从短信中获取到新信息时，短信才有效果。

① 人们或许预期应该有更多的车主处理了他们所有的交通罚单，但是车主可以在到期前的 3 个月内去年检而不是最后的那个月，他们可能在年检之后又有新罚单。还有一些车主可能并不按时年检。

10.6.3 影响效果随时间的变化

我们考察罚单短信威慑效应随时间发生的变化。我们生成了每两周违规次数变量[①]，对不同干预组的虚拟变量和控制变量进行回归，共进行了 8 次泊松回归，其中 4 次分析实验前的情况，另外 4 次分析试验后的情况。图 10.2 画出了各项处理虚拟变量系数的变化情况。

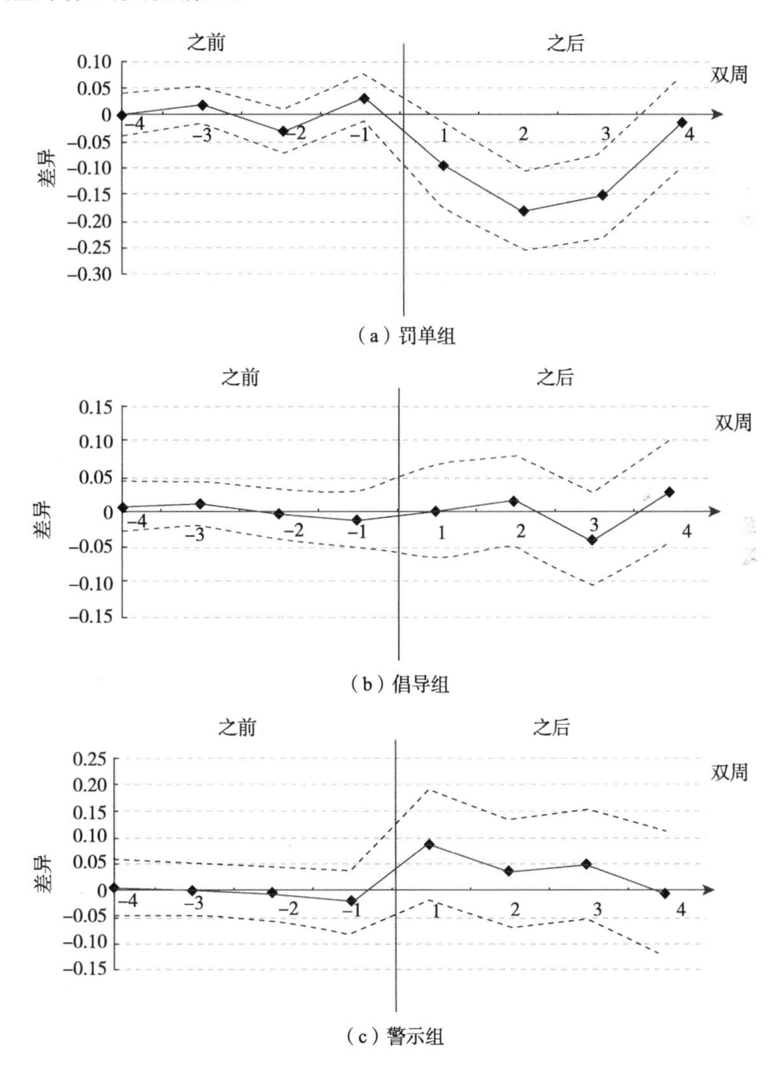

（a）罚单组

（b）倡导组

（c）警示组

① 每周违规次数太低，平均只有 0.05。为了降低数据噪声，我们选用每两周的违规次数进行分析。

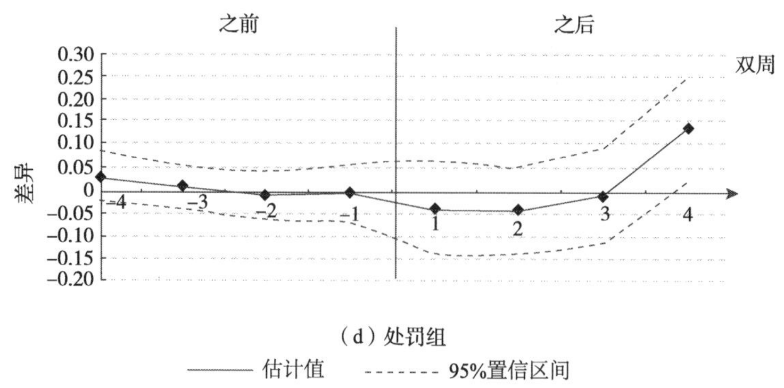

（d）处罚组

—— 估计值 ------- 95%置信区间

图 10.2 干预组和控制组差异的时间趋势

实验前，干预组和控制组差异几乎为零且不显著，可以说明干预组和控制组是具有可比性的。实验后普通信息组和控制组的差别与零没有显著差异（仅一个例外）[①]。而罚单组在前六周有显著负效应，这种效应随后迅速消失。

尽管我们预测短信在发出后会立即产生最强的影响，然而点估计的结果显示第二个双周的效果会强于第一个双周（但这种差异并不显著）。除此之外，司机会在处理罚单上做出迅速反应。相对于控制组来说，罚单组司机在收到短信后一周内处理罚单的可能性更高，约高出 1.6%。这种差别在第三周、第四周、第五周分别降为 0.5%、0.6%、0.3%，并在第五周消失。这也有助于解释为什么罚单短信的效果延期达到最大。

10.7 结　　论

我们通过大规模随机实验考察了不同信息对威慑违规行为产生的不同作用。和控制组相比，收到关于罚单信息的司机在随后一个月中违规行为减少了 14%。因此，短期内，罚单短信是一个减少违规的有效措施。个性化的短信仅对不了解当前罚单情况的司机起作用，该结论支持这一观点：得知违规会被监测会提高关于今后违规被监测到可能性的预期，因而发挥威慑作用。

实验前问卷显示 30%的司机对电子监测普及、被监测可能性、违规处罚了解不足，这些司机或许可以作为信息宣传的潜在目标。对于另外 70%的司机，短信或许能够强调安全驾驶的重要性。然而在我们的实验中，这三种常规信息对违规行为没有起到威慑作用。实验仅考察了能被电子监测设备捕捉到的违规行为，因此需要进一步实验研究传递信息是否可以阻止其他类型的违规行为（如酒驾）。

① 处罚组在第 4 个双周有显著的正向违规量，我们不知道为什么系数会是正值。

11 社会比较、地位及驾驶行为[①]

11.1 引　　言

已有研究表明，社会信息会影响人们在多个领域的行为。例如，社会比较可以降低家庭用水量（Ferraro and Price，2013）和总体能源消耗（Allcott，2011；Allcott and Rogers，2014），增加个体对在线社区公共产品的贡献（Chen et al，2010），以及影响选民投票率（Gerber and Rogers，2009）[②]。尽管对社会比较的研究日益增多，但仍有不少问题没有得到解决，尤其是以下几个方面：①哪种类型的社会信息更有效；②社会比较会影响哪类人群；③地位在社会比较中发挥什么作用。

社会学家 Gabriel Tarde[③]承认高位者和低位者之间会相互影响，但是他强调：从总体上来说，高位者向低位者的辐射是唯一值得考虑的事实（Tarde，1888）。本章通过一个旨在减少交通违规行为的大规模实地实验，系统评估社会地位在社会比较中的重要性，具有重要的政策意义。

交通事故致死事件屡屡发生。仅在 2010 年，全世界就有 124 万人死于交通事故，并且其中 80%的受害者来自中等收入国家，尽管这些国家的汽车使用量仅占全球的 50%。此外，交通事故还导致司机和保险公司高达数十亿美元的经济损失。交通事故的破坏性作为全球公共健康和发展问题日益受到人们的关注，各国政府也纷纷做出反应，宣布在 2011~2020 年制定十年道路安全行动。

为了降低交通事故死亡率，各国政府采取了包括提高道路通行能力、制定更严格的道路安全法规、加大酒驾惩罚力度、规范安全带和头盔及儿童装置的使用，以及加强事故发生后的处理能力等在内的一系列措施。许多国家在采取了这些措施之后的确有效地降低了交通事故死亡率，然而这些措施的实施需要花费大量的

① 本章改编自 Chen 等（2017）。

② 该部分会在文献综述部分详细讨论。

③ Gabriel Tarde（1843~1904 年），法国著名社会学家，被称为社会学之父。

时间和资源。本章提供了一种经济有效的替代方式：通过社会比较来提高道路安全性。

本章重点关注中国的情况。近年来，中国的汽车持有量迅速上升，年增长率高达 24%。预计 2030 年中国将超过美国成为全球汽车使用量最多的国家。由于中国的汽车市场近几年才得到发展，驾驶规范仍不完善。因此，社会比较在中国能够更有效地影响驾驶行为。

我们在该次实验中系统地评估了不同社会地位对驾驶行为的影响。我们通过司机驾驶汽车的档次代替其社会地位（Branigan，2012），研究基于地位的社会比较对驾驶习惯的影响。汽车作为社会地位的象征，不仅彰显了车主稳定和成熟的特性，还能够在一个性别比例不断上升的社会中取得在婚姻市场上的优势[①]。因此，本章用汽车档次反映社会信息，并研究其对驾驶行为的影响。

结合社会比较的经济学和社会学理论基础，以及实验室和实地实验的相关实证结果，我们选择青岛作为实验的地点。青岛位于山东省，是一个经济发达的沿海城市。实验中，我们挑选了 75 247 名司机，这些司机在 2013 年的前三个季度都收到了至少 1 张罚单。我们向这些司机发送短信，包括以下几种类型：司机本人的罚单数量；同品牌司机的平均罚单数量；高档、中档或经济型汽车司机的平均罚单数量。结果显示，和控制组相比，那些罚单数量高于平均水平的司机在收到同品牌司机的罚单信息后，罚单数量下降了 6%。这个结果验证了之前一系列实验中发现的描述性规范效应。此外，我们还发现，接收了高档车罚单信息的司机未来违规行为减少了 6%，并且这一影响在驾驶经济型汽车的男性司机中最为显著，这类司机未来违规行为减少了 16%[②]。这也印证了 Tarde 提出的由高到低的社会影响机制。

本章首次评估了社会地位在社会比较中的作用，在理论和实践方面都具有重要贡献。首先，本章证明了高档车司机的描述性规范对经济型汽车司机有最显著的影响，突出了地位在社会比较中的重要性。其次，在交通安全及其他的潜在领域，高位者的行为对社会中其他个体的行为会产生示范效应。最后，通过短信形式进行干预是实现更高社会收益的一种低成本且高效率的方式。

11.2 文献回顾

本章实验基于社会比较会影响人们行为这一理念。我们在这一部分将梳理相

---

① 有研究表明性别比例的上升是家庭储蓄的动因之一（Wei and Zhang，2011）。

② 由于我们的样本只包含违规数量大于等于一次的司机，因此我们的结果相对于总人口的影响可能是高估的。

关的理论和实证文献。

大量的社会心理学和经济学文献表明，社会比较通过提供各种情况下具体的“正确行为”影响人们的实际行为。这种影响在规范不完善或是模棱两可的情况下更为显著（Buunk and Mussweiler，2001；Suls et al.，2002），这种情况更贴近于中国司机所处的驾驶环境。

此外，当大众行为信息可获得时，人们表现出模仿该种行为的倾向，该种行为也被称为从众行为（Asch，1956；Akerlof，1980；Jones，1984；Bernheim，1994）。在经济学中，这种行为可以从相依偏好模型的角度理解。其效用函数不仅取决于消费的绝对值，还取决于平均消费水平（Duesenberry，1949；Pollak，1976），或者是消费分布的排序情况（Frank，1985；Robson，1992；Hopkins and Kornienko，2004）。

关于社会比较的实证研究大多通过实验室实验进行，其中主要包括独裁者博弈（Cason and Mui，1998；Krupka and Weber，2009；Duffy and Kornienko，2010）、最后通牒博弈（Knez and Camerer，1995；Duffy and Feltovich，1999；Bohnet and Zeckhauser，2004；Ho and Su，2009）、协调博弈（Eckel and Wilson，2007）等方法。还有一些研究使用了实地实验，包括以大学、美国公共广播、联合之路慈善组织（Frey and Meier，2004；Shang and Croson，2009；Kessler，2013）、在线社区电影评级（Chen et al.，2010）、投票（Gerber and Rogers，2009）、退休储蓄（Beshears et al.，2015）、居民用水计划（Ferraro and Price，2013），以及在线招聘（Gee，2014）等为对象进行研究。这些研究都得到了相似的结论：在美国，描述性规范已经被用于降低美国家庭的能源消耗（Allcott，2011；Allcott and Rogers，2014）。

通过社会力量提高道路安全在两篇文章中有所研究。其中一篇是在肯尼亚进行的一次实地实验，研究人员将鼓励乘客反对不良驾驶行为的标志放到长途小型客车上。实验结果显示保险索赔减少了 1/2 至 2/3（Habyarimana and Jack，2011）。另一篇是在青岛进行的随机实地实验，研究人员发现：只有当司机收到罚单信息时才会减少未来的违规行为，而收到执法或者安全驾驶的信息对违规行为没有显著影响（Lu et al.，2016）。鉴于本章采用的实验和 Lu 等（2016）是在同一城市进行的，因此比较这两项实验是十分必要的。Lu 等（2016）的短信在 2012 年 4 月前发出，比本章的实验早 18 个月，并且他们发现短信的影响会在 8 周内逐渐消失。本章的随机实地实验仅有不到 5%的司机在早期研究中收到了短信。因此，考虑到两次试验相差 18 个月，本章实验中的司机不会受到早期实验的影响。

本章综合考虑了社会信息和社会地位的交互作用及基于地位的示范性影响，丰富了社会比较和社会影响力的文献。社会学和文化人类学的研究表明，人们会效仿高位者的行为（Henrich and Gil-White，2001）。在 Ball 等（2001）、Eckel 和 Wilson（2007）等实施的实验室实验结果表明，相对于观察低位者，观察高位者具有更稳定的均衡。Kumru 和 Vesterlund（2010）在一次公共产品实验中，通过相同的实验步骤发现低位者更有可能模仿高位者的捐赠行为，另外也鼓励了高位者积极捐赠。受到这些实验的启发，我们将要研究基于地位的社会比较对人们实际驾驶行为的影响。

11.3 实验设计

本章的随机实地实验在青岛进行。青岛位于山东省，是一个有 870 万人口的东部沿海城市。青岛是我国重要的港口、海军基地及工业中心。2011 年，青岛人均 GDP 在 287 个地区级城市中排名第 28 位，是全国平均水平的 2.35 倍。同其他主要城市相似，近几年青岛的经济和汽车持有量得到迅速增长。

11.3.1 样本选择

实验于 2013 年 10 月在青岛交警的协助下进行。截至 2013 年 1 月 1 日青岛的注册车辆有 1 290 724 辆。我们使用以下标准来筛选样本：①是否为私人所有（剩余 1 059 692 辆）；②是否关联了有效的手机号码（剩余 973 161 辆）；③2013 年的前三个季度是否至少收到 1 张罚单（包括违停罚单）（剩余 433 163 辆）[①]。在剩余的汽车中，我们剔除了多辆（3 辆及以上）汽车关联同一个电话号码的样本（剩余 397 008 辆），还剔除了车主出生在 1939 年以前或 1996 年以后的样本、车主所在区县无法识别的样本（剩余 395 687 辆），以及同品牌汽车少于 30 辆的样本（剩余 395 204 辆）。最终我们的样本共包含 395 204 辆汽车。

表 11.1 报告了样本的统计性描述，包括司机性别、年龄、车龄、注册地是否为城市、手机号码是否关联其他车辆，还给出了 2013 年前三个季度样本司机的违规数据及实验实施后一个月司机的违规数据。值得注意的是，在我们的样本中，男性司机占总样本的 3/4，这个比例与全国男性司机占比相近（78.5%）[②]。2013

---

① 青岛交警要求我们对样本进行限制。因为大部分的公共政策要求目标精准且经济有效。例如，公共卫生活动只针对风险最高的疾病。因此，我们认为我们的实验需要面向最有可能违规的司机，那些没有违规行为的司机应该驾驶习惯良好或者是驾驶次数较少，因此在干预后他们的驾驶行为应该不会出现显著变化。在我们的样本回归中显示，过去的违规数量和未来的违规行为高度相关。尽管如此，由于我们仅仅关注了有违规行为的司机，我们还是可能高估干预对所有人的影响。

② 中国私家车 10 年增 13 倍　女司机数量猛增. http://m.news.cntv.cn/2013/12/01/ARTI1385892983879806.shtml，2013-12-01.

年的前 9 个月，样本司机的月平均违规次数为 0.28 次。我们也注意到在我们的样本中月罚单数量的最大值偏高，本章会在 11.4 节具体讨论异常值的处理方法。

表 11.1 样本的统计性描述

变量	均值	标准差	最小值	最大值
男性司机	0.74	0.44	0	1
司机年龄/岁	39.59	9.48	17	74
车龄/年	3.97	2.97	1	27
注册地为城市	0.30	0.46	0	1
手机号码关联其他车辆	0.09	0.29	0	1
违规次数（2013 年 1 月 1 日至 9 月 30 日）				
月均违规次数/次	0.28	0.32	0.11	16
是否有 1 个违规行为（0/1）	0.48	0.50	0	1
是否有 2 个违规行为（0/1）	0.22	0.42	0	1
是否有≥11 个违规行为（0/1）	0.02	0.14	0	1
违规次数/次（2013 年 10 月 25 日至 11 月 24 日）	0.17	0.54	0	30
是否有违规（0/1）	0.12	0.33	0	1

11.3.2 实验安排

根据之前的实地实验，我们将样本随机分成 5 个干预组（75 247 辆汽车）及 1 个控制组（319 957 辆汽车）。

控制组的司机在实验期间不会收到我们的短信，我们会给干预组的司机发送下列任一类短信。每个短信都包含两个部分，第一部分为所有干预组的司机共同收到的部分“青岛交警：您车牌号为【 】的汽车在 2013 年前三个季度中共违规【 】次”。

第二部分为以下任意一类短信。

（1）自身信息干预（Own-ticket treatment，*n*=15 009）。

青岛交警：请您为了自己和他人的安全谨慎驾驶。

（2）同品牌信息干预（Own-brand treatment，*n*=15 090）。

青岛交警：您驾驶车辆的同品牌汽车司机平均违规【 】次。您的违规次数【超过/等于/低于】同品牌汽车平均违规次数。请您为了自己和他人的安全谨慎驾驶。

（3）高档车信息干预（High-status group，*n*=15 066）。

青岛交警：您驾驶车辆的同品牌汽车平均违规【 】次。高档车司机的违规行为更少，其平均违规次数为 0.6 次，【高于/低于】您汽车品牌的平均违规数。请您为了自己和他人的安全谨慎驾驶。

（4）中档车信息干预（Medium-status treatment，n=15 009）。

青岛交警：您驾驶车辆的同品牌汽车平均违规【 】次。中档车司机的违规行为更少，其平均违规次数为 0.6 次，【高于/低于】您汽车品牌的平均违规数。请您为了自己和他人的安全谨慎驾驶。

（5）经济型车信息干预（Low-status treatment，n=15 073）。

青岛交警：您驾驶车辆的同品牌汽车平均违规【 】次。经济型车的违规行为更少，其平均违规次数为 0.6 次，【高于/低于】您汽车品牌的平均违规数。请您为了自己和他人的安全谨慎驾驶。

我们给司机发送的均为真实数据。短信中高档车、中档车和经济型车的数据来源分别为劳斯莱斯、斯柯达和富康①，驾驶这三种品牌汽车的司机在 2013 年前 9 个月的平均违规次数均为 0.6 次②。由于我们选取的这三类车司机平均违规次数相同，所以我们的处理结果可以排除锚定效应的影响。此外，由于我们选取的司机在过去 9 个月内至少有过一次违规行为，三类车违规次数的平均值低于每个司机的实际违规次数，因此这也可以作为一个理想的社会目标。在三类车的干预组中，我们将描述性规范和命令性规范相结合，以实现一个更加理想的社会目标（Cialdini，2003）。在三类车的干预组中，我们通过组间比较，以凸显身份地位的作用。在 Akerlof 和 Kranton（2000）的社会身份模型中，命令性规范被认为是最理想的群体规范。

表 11.2 给出了每个观测变量的随机性检验。最后一列给出了对照组和所有干预组平衡测试的 p 值。所有的 p 值均大于 0.1，说明我们的样本选择具有随机性。

表 11.2 背景变量的随机性检验

变量	控制组	自身信息	同品牌信息	高档车信息	中档车信息	经济型车信息	p 值
男性司机	0.74	0.74	0.74	0.74	0.75	0.74	0.37
	（0.44）	（0.44）	（0.44）	（0.44）	（0.43）	（0.44）	
司机年龄/岁	39.58	39.59	39.66	39.63	39.6	39.73	0.44
	（9.47）	（9.46）	（9.53）	（9.49）	（9.49）	（9.52）	
车龄/年	3.97	3.99	3.96	4.01	4	3.98	0.60
	（2.97）	（2.95）	（2.94）	（3.00）	（3.04）	（2.96）	
注册地为城市	0.3	0.31	0.3	0.3	0.3	0.31	0.64
	（0.46）	（0.46）	（0.46）	（0.46）	（0.46）	（0.46）	

① 斯柯达是捷克共和国的汽车品牌，在大众集团旗下；富康是东风标致雪铁龙旗下的一款国产经济型汽车。

② 在我们原本的实验设计中我们提及了汽车的品牌。然而青岛交警要求我们将“劳斯莱斯（斯柯达或富康）的平均违规次数为 0.6 次”改为“同品牌车的平均违规次数为 0.6 次”，这样就不会引起为某种品牌汽车做推广的误会。

续表

变量	控制组	自身信息	同品牌信息	高档车信息	中档车信息	经济型车信息	p 值
手机号码关联其他车辆	0.09	0.1	0.09	0.09	0.09	0.1	0.64
	（0.29）	（0.29）	（0.29）	（0.29）	（0.29）	（0.29）	
违规（2013 年 1 月 1 日至 9 月 30 日）							
违规次数/次	2.5	2.52	2.51	2.5	2.5	2.53	0.81
	（2.83）	（2.79）	（2.95）	（2.75）	（2.93）	（2.85）	
未处理的违规次数/次	1.56	1.56	1.54	1.56	1.54	1.61	0.25
	（2.58）	（2.53）	（2.62）	（2.50）	（2.60）	（2.65）	
有 1 个违规行为（0/1）	0.48	0.47	0.48	0.48	0.48	0.47	0.72
	（0.50）	（0.50）	（0.50）	（0.50）	（0.50）	（0.50）	
有 2 个违规行为（0/1）	0.22	0.22	0.22	0.22	0.22	0.22	0.93
	（0.42）	（0.42）	（0.42）	（0.41）	（0.42）	（0.42）	
有≥11 个违规行为（0/1）	0.02	0.02	0.02	0.02	0.02	0.02	0.25
	（0.14）	（0.14）	（0.15）	（0.14）	（0.14）	（0.14）	
样本量	319 957	15 009	15 090	15 066	15 009	15 073	

注：括号中为标准差。p 值检验控制组和干预组是否相同

我们在两天内发出了所有的短信（2013 年 10 月 23 日上午发出 15 309 条，下午发出 29 892 条；10 月 24 日上午发出 30 046 条）。每个批次我们发送给不同干预组的信息数量都大致相同。每条短信费用约为 0.14 元[①]，由于字数限制，我们将短信分为两部分发送。短信发出之后，我们观察一个月后司机的驾驶行为是否改变。我们选取了两个被解释变量来分别衡量司机行为变化的广度边际（违规的可能性）及强度边际（干预后的违规数量）。两个变量数据都来源于青岛交通管理部门。

11.3.3　汽车品牌定位的调查

如何定位汽车品牌是我们实验设计的重要内容。根据 Bertrand 和 Mullainathan（2004）研究种族特性时所用的方法，2014 年 9 月我们派出 6 位经过培训的调查员[②]，到司机常去的几个公共场所（包括位于青岛市中心的两个加油站和一个商场的停车场）进行了为期两天的调研[③]。

① 实验时 1 美元约等于 6 元人民币。

② 调查员包括 Chen 等（2017）的第三位作者、他的一位朋友及四位青岛大学的学生。这位作者用 1 小时的时间对其他 5 位调查者进行培训。在实际调查之前，每位调查者都会随机选取青岛大学的学生进行至少一次模拟调查。

③ 两个加油站具体位于青岛市香港东路 76 号和香港中路 112 号。商场选择了位于青岛市香港中路 72 号的东泰佳世客购物中心。

在每个加油站，首先调查员向正在排队等候加油的司机进行自我介绍，说明自己是中国人民大学研究项目的调查员，并在结束后给司机赠送一张中国人民大学的手绘明信片作为礼物[①]。其次，调查员向司机简要介绍问卷内容和调查目的。最后将问卷交给司机填写。整个过程需要 3~5 分钟。在商场的停车场进行的调查也采取相似的步骤。最终共有 98 名司机完成了调查，每次调查要求司机对 28 个汽车品牌进行评级。

我们共使用了 4 个版本的调查问卷，每类问卷包含 28 个汽车品牌。因此，我们通过 4 个版本的问卷完成了对样本中 112 个品牌的评级。实验过程中，我们要求司机对汽车品牌进行评价，共有 4 种选项，分别为：高档车、中档车、经济型车以及不了解。每个汽车品牌由 25 名受访者独立评价。我们对调查结果进行了稳健性检验。将我们调查得到的评级结果分别和专家的评级及每个品牌典型车系[②]的平均价格进行了比较，发现调查结果和这两种评级结果都有很强的相关性[③]。在之后的分析中，我们使用调查所得的评级结果作为最终的汽车评级。

11.4 实 证 结 果

本章在对社会比较、地位和驾驶行为的研究中发现了一些有趣的结论。表 11.3 给出了实验后一个月内的交通违规情况。本章的两个被解释变量分别衡量了司机行为变化的广度边际（extensive margin，即违规的可能性）及强度边际（intensive margin，即干预后的违规数量）。前者是一个二值变量，在实验后的一个月中，没有违规行为的司机占 87.512%。后者是一个数值变量，分布非常集中。违规次数为 0、1、2 的车辆占样本中所有车辆的 99%，但是违规次数最多的甚至达到了 30 次。我们认为，这些车辆可能是在一些特殊情况下驾驶的。例如，在一次行程中，司机没有注意到限速标志导致累积了多次超速罚单。事实上，随机分配已经排除了异常值的影响（泊松分布回归的 p 值大于 0.1）。尽管异常值不会影响分布，但是会使得标准误增大导致估计的偏误。为了检验结果对异常值的敏感程度，我们在进行强度边际分析时，分别采用原始数据、最大值标准化数据及取对数后的数据进行回归。

---

① 明信片每张大约 1 元。

② 我们从两个样本中获得了 86 种汽车品牌的销售价格：http://www.autohome.com.cn 和 http://car.bitauto.com，获取时间为 2014 年 12 月 8 日。

③ 在我们样本的 112 种汽车品牌中调查者（专家）排出的高档车、中档车和经济型车分别有 14，23，75（14，24，74）种。两者相关性回归系数为 0.9（$p<0.01$）且 $R^2=0.81$。同样地将调查的平均排名和汽车价格做相关性回归，系数为 0.82（$p<0.01$）且 $R^2=0.67$。

表 11.3　违规数量的分布

违规次数/次	样本量	百分比	累计百分比
0	345 852	87.512%	87.512%
1	38 418	9.721%	97.233%
2	7 510	1.900%	99.134%
3	2 113	0.535%	99.668%
4	710	0.180%	99.848%
5	295	0.075%	99.923%
6	129	0.033%	99.955%
7	62	0.016%	99.971%
8	41	0.010%	99.981%
9	18	0.005%	99.986%
10	21	0.005%	99.991%
11	3	0.001%	99.992%
12	16	0.004%	99.996%
13	3	0.001%	99.997%
14	2	0.001%	99.997%
15	1	0	99.997%
16	1	0	99.997%
18	3	0.001%	99.998%
19	2	0.001%	99.999%
20	2	0.001%	100%
26	1	0	100%
30	1	0	100%
合计	395 204	100%	

注：由于舍入修约，数据有偏差

首先我们想要探究究竟哪种信息会对司机的行为产生影响。表 11.4 报告了 OLS 回归和泊松回归的结果[①]。列（1）和列（2）将违规的可能性作为被解释变量，检验了干预对广度边际的处理效应。列（3）~列（6）将干预后一个月司机的违规数量 V_i 作为被解释变量，检验了干预对强度边际的处理效应。解释变量包括自身信息干预、同品牌信息干预、高档车信息干预、中档车信息干预和经济型车信息干预的二值变量，以及其他的控制变量。列（2）及列（4）~列（6）列相对于列（1）、列（3）来说，加入了司机性别、年龄、车龄、注册地是否为城市（和农村比较），以及 2013 年前三个季度违规次数的对数值等控制变量。

① 当被解释变量为违规次数时，我们使用泊松回归。我们也进行了 OLS 回归，发现结果相似。

表 11.4　干预效应

变量	广度边际		强度边际：实验违规次数（V）			
	（1）	（2）	（3）	（4）	（5）	（6）
	P（V>0）	P（V>0）	V	V	$V_{\bar{v}-6}$	ln（V+1）
	OLS	OLS	Poisson	Poisson	Poisson	OLS
自身信息	−0.001 4	−0.001 8	−0.003 8	−0.008 1	−0.005 2	−0.001 0
	（0.002 8）	（0.002 7）	（0.026 7）	（0.025 9）	（0.025 3）	（0.002 3）
	[0.834]	[0.826]	[0.952]	[0.869]	[0.930]	[0.852]
同品牌信息	−0.004 5	−0.004 3	−0.029 9	−0.031 8	−0.032 2	−0.003 0
	（0.002 7）	（0.002 7）	（0.027 1）	（0.026 4）	（0.025 5）	（0.002 3）
	[0.417]	[0.417]	[0.604]	[0.604]	[0.604]	[0.604]
高档车信息	−0.005 7	−0.005 6	−0.045 9	−0.044 9	−0.051 9	−0.004 7
	（0.002 7）**	（0.002 6）**	（0.028 8）	（0.028 0）	（0.025 5）**	（0.002 3）**
	[0.315]	[0.315]	[0.417]	[0.417]	[0.315]	[0.315]
中档车信息	−0.000 1	−0.000 1	−0.014 5	−0.014 4	−0.011 7	−0.000 9
	（0.002 8）	（0.002 7）	（0.026 5）	（0.025 8）	（0.025 3）	（0.002 3）
	[0.980]	[0.980]	[0.834]	[0.834]	[0.840]	[0.852]
经济型车信息	−0.002 0	−0.002 7	−0.017 2	−0.025 7	−0.025 6	−0.002 3
	（0.002 7）	（0.002 7）	（0.026 9）	（0.025 9）	（0.025 1）	（0.002 3）
	[0.823]	[0.604]	[0.826]	[0.604]	[0.604]	[0.604]
男性司机		−0.000 9		0.006 0	0.007 7	0.000 1
		（0.001 2）		（0.011 6）	（0.011 1）	（0.001 0）
司机年龄		0.000 4		0.002 3	0.002 6	0.000 3
		（0.000 1）***		（0.000 5）***	（0.000 5）***	（0.000 0）***
车龄		−0.002 3		−0.014 6	−0.016 7	−0.001 7
		（0.000 2）***		（0.002 0）***	（0.001 8）***	（0.000 1）***
注册地为城市		−0.018 6		−0.161 9	−0.159 0	−0.015 3
		（0.001 1）***		（0.011 4）***	（0.011 1）***	（0.000 9）***
Log 前 9 个月违规次数		0.090 7		0.774 3	0.756 4	0.086 9
		（0.000 9）***		（0.007 0）***	（0.006 0）***	（0.000 9）***
常数项	0.125 4	0.068 6	−1.777 9	−2.422 3	−2.418 1	0.047 8
	（0.000 6）***	（0.002 4）***	（0.005 7）***	（0.023 2）***	（0.022 4）***	（0.002 0）***
样本量	395 204	395 204	395 204	395 204	395 204	395 204
R^2	0	0.039				0.048

表示在 5%的水平下在统计意义上显著；*表示在 1%的水平下在统计意义上显著

注：列（1）、列（2）、列（6）报告了 OLS 回归结果；列（3）~列（5）报告了泊松回归结果。对于泊松分布，变量 x_i 相应的发生率比值为 e_i^b。圆括号内为聚类到手机号码层面的标准误，方括号内为经 FDR 调整后的 q 值

我们首先分析收到本人前三个季度交通违规情况会对司机产生怎样的影响。

2010 年青岛交警全面使用电子设备对违规行为进行监控。车主可以通过电话或访问交通管理局网站在线查询违规情况[1]。Lu 等（2016）发现大部分车主并不会经常检查他们的交通违规情况，并且通过电子监控捕捉到的违规行为只有在车辆年检时才会被要求交罚款。根据国家相关规定，从注册日起至今低于 6 年的车辆每两年进行一次年检，6~15 年的车辆每一年进行一次年检，15 年以上的车辆每半年进行一次年检。基于这样的现状，我们预期干预短信为很多司机提供了一些新的信息，因而司机未来会更注意自己的驾驶行为。

假说 1（自身信息干预）：相对于控制组来说，司机在收到含有本人违规数量的短信后，违规数量会减少。

结果 1（自身信息干预）：相对于控制组来说，司机在收到含有本人违规数量的短信后，一个月内的违规数量没有显著变化。

结果 1 说明，司机在收到含有本人违规数量的短信后，违规的可能性和数量都与控制组无显著差异。因此，若没有额外的社会信息，仅仅靠告知司机违规情况及警方的提示并不会改善未来的交通违规情况[2]。加入了控制变量后的结果不变。但是，我们发现处理效应存在异质性，我们会在后面进一步讨论。

接下来我们将讨论加入社会地位后的实验结果。在我国，司机本人驾驶的车辆通常被看作身份地位的象征，我们预期高档车违规情况的信息能够对司机行为有最为显著的影响。下面我们提出了假说并对最后的实验结果进行总结。

假说 2（组间比较：地位）：收到高档车司机的违规信息后，个人违规的可能性和数量都会减少。

对于广度边际，表 11.4 列（1）、列（2）表明高档车组司机违规的可能性显著下降了 0.56%，在有违规记录的司机中占比 4.5%[3]。

对于强度边际，由于干预后的违规数量分布不均，我们使用两种常用的方法来处理异常值。第一种方法就是对数据进行缩尾处理。根据所选数据，6 次违规距离均值有 10 个标准差，并且违规次数大于 6 次的司机不超过总体的 0.05%，因此我们选择 $\bar{v}=6$ 作为数据的上限，最终有效降低了干预组的标准误。列（5）的结果表明高档车组司机在干预后的违规行为显著降低了约 5%[4]。第二种处理异常值的方式是对违规次数取对数。由于大部分司机的违规次数为 0，我们将 ln（V+1）作

① 三个使用最广泛的装置为测速器、红外线相机及摄像头。

② Lu 等（2016）发现违规数量的短信在 2~3 个月内会对司机的驾驶行为有显著的影响，因为司机可能事先对自己的违规情况并不知情。他们发现若司机事先知道违规情况，这个短信将没有作用。由于我们的信息报告的是司机前 9 个月的违规情况，所以司机有很大的可能是事先知道自己的违规情况的。结合两个研究说明对于自身信息干预组司机的干预只有在事先不知情的情况下才会有影响。

③ 0.005 6/（1−0.875）=0.045。

④ 当 $2 \leqslant \bar{v} \leqslant 8$ 在 5%的显著性水平下显著，若超过 $\bar{v}=8$ 则显著性水平下降到 10%。

为被解释变量并进行 OLS 回归。最终发现高档车组司机违规行为显著降低了约 5%，与泊松回归得到的结果相近①。

结果 2（组间比较：地位）：相对于控制组，司机在收到高档车司机的违规信息后，违规的可能性（数量）下降了 0.6 个百分点（5%）。

结果 2 表明，当“标杆”社会地位较高时，组间比较的效应最强。因此也为 Tarde（1888）提出的观点——社会影响会通过地位传导提供了经验证据并进行了丰富。

此外，由于性别比例的不断攀升（Wei and Zhang，2011）及一些实验室实验的证据表明，男性对地位更为敏感（Huberman et al.，2004）。因此，我们预期对高档车信息干预对男性的处理效应更大，这也促使我们对异质性进行进一步的探究。

假说 3（组间比较：性别和车辆地位）。相对于中档车和经济型车的干预信息，高档车司机良好的驾驶信息会对驾驶经济型车辆的男性有更大的影响。

表 11.5 和表 11.6 分别报告了不同的被解释变量的分样本回归，包括女性司机（1）和男性司机（2），驾驶高档车（3）、中档车（4）、经济型车（5）的司机，以及驾驶经济型车的男性司机（6）。

表 11.5　在广度边际上的异质性效应：在性别和车辆地位上

因变量：干预后违规的可能性［P（V）>0］						
	（1）	（2）	（3）	（4）	（5）	（6）
	女性司机	男性司机	驾驶高档车的司机	驾驶中档车的司机	驾驶经济型车的司机	驾驶经济型车的男性司机
自身信息	0.001	−0.003	−0.002	0.002	−0.006	−0.007
	（0.005）	（0.003）	（0.016）	（0.004）	（0.004）*	（0.004）*
	[0.968]	[0.808]	[0.968]	[0.914]	[0.390]	[0.370]
同品牌信息	−0.003	−0.005	0.006	−0.002	−0.007	−0.009
	（0.005）	（0.003）	（0.016）	（0.004）	（0.004）**	（0.004）**
	[0.888]	[0.484]	[0.914]	[0.888]	[0.276]	[0.233]
高档车信息	0.003	−0.008	0.018	−0.005	−0.009	−0.014
	（0.005）	（0.003）***	（0.016）	（0.004）	（0.004）**	（0.004）***
	[0.888]	[0.075]	[0.690]	[0.690]	[0.140]	[0.001]***
中档车信息	−0.001	0.000	−0.015	0.003	−0.001	−0.003
	（0.005）	（0.003）	（0.017）	（0.004）	（0.004）	（0.004）
	[0.968]	[0.994]	[0.808]	[0.888]	[0.914]	[0.888]

① 为了计算列（6）影响的大小，令 h 和 c 分别为高档车组和控制组的违规数量。令 b 等于高档车组的回归系数−0.004 7。因为 $\ln(h+1)-\ln(c+1)=b$，我们可以得到 $(h-c)/c=(e^{b}-1)(1+1/c)=(e^{-0.0047}-1)(1+1/0.107)=-0.049$。令 c=0.107，则控制组的均值为 $\ln(c+1)$。

续表

因变量：干预后违规的可能性［P（V）>0］						
	（1）	（2）	（3）	（4）	（5）	（6）
	女性司机	男性司机	驾驶高档车的司机	驾驶中档车的司机	驾驶经济型车的司机	驾驶经济型车的男性司机
经济型车信息	−0.001	−0.003	−0.008	−0.005	−0	−0.002
	（0.005）	（0.003）	（0.015）	（0.004）	（0.004）	（0.004）
	[0.968]	[0.690]	[0.888]	[0.690]	[0.968]	[0.888]
男性司机			0.028	0.008	−0.009	
			（0.006）***	（0.002）***	（0.002）***	
司机年龄	0	0.001	0	0	0	0
	（0）	（0）***	（0）	（0）***	（0）***	（0）***
车龄	−0.002	−0.002	−0.003	−0.002	−0.003	−0.003
	（0）***	（0）***	（0.001）***	（0.）***	（0）***	（0）***
注册地为城市	−0.027	−0.015	−0.044	−0.026	−0.018	−0.015
	（0.002）***	（0.001）***	（0.006）***	（0.002）***	（0.002）***	（0.002）***
Log 前 9 个月违规次数	0.086	0.092	0.109	0.093	0.075	0.074
	（0.002）***	（0.001）***	（0.004）***	（0.001）***	（0.001）***	（0.001）***
常数项	0.083	0.063	0.107	0.075	0.075	0.065
	（0.005）***	（0.003）***	（0.015）***	（0.003）***	（0.003）***	（0.003）***
样本量	102 124	293 080	17 191	195 563	182 450	148 375
R^2	0.037	0.040	0.061	0.041	0.027	0.027

*表示在 10%的水平下在统计意义上显著不为 0；**表示在 5%的水平下在统计意义上显著；***表示在 1%的水平下在统计意义上显著

注：本表报告了线性概率回归结果。圆括号内为聚类到手机号码层面的标准差，方括号内是经 FDR 调整后的 q 值

表 11.6　在强度边际上的异质性效应：在性别和车辆地位上

因变量：干预后违规的可能性［P（V）>0］						
	（1）	（2）	（3）	（4）	（5）	（6）
	女性司机	男性司机	驾驶高档车的司机	驾驶中档车的司机	驾驶经济型车的司机	驾驶经济型车的男性司机
自身信息	− 0.009	− 0.008	0.025	− 0.002	− 0.033	− 0.038
	（0.049）	（0.030）	（0.100）	（0.034）	（0.043）	（0.050）
	[0.908]	[0.892]	[0.892]	[0.950]	[0.702]	[0.702]
同品牌信息	− 0.064	− 0.020	0.076	− 0.029	− 0.060	− 0.064
	（0.048）	（0.031）	（0.098）	（0.035）	（0.044）	（0.050）
	[0.702]	[0.702]	[0.702]	[0.702]	[0.702]	[0.702]
高档车信息	0.032	− 0.073	0.051	− 0.026	− 0.096	− 0.173
	（0.053）	（0.033）**	（0.097）	（0.039）	（0.044）**	（0.049）***

续表

因变量：干预后违规的可能性［P（V）>0］						
	（1）	（2）	（3）	（4）	（5）	（6）
	女性司机	男性司机	驾驶高档车的司机	驾驶中档车的司机	驾驶经济型车的司机	驾驶经济型车的男性司机
	[0.702]	[0.270]	[0.753]	[0.702]	[0.270]	[0.001]***
中档车信息	−0.076	0.005	− 0.120	0.028	− 0.047	− 0.044
	（0.050）	（0.030）	（0.101）	（0.035）	（0.040）	（0.046）
	[0.702]	[0.908]	[0.702]	[0.702]	[0.702]	[0.702]
经济型车信息	− 0.031	− 0.024	0.039	− 0.027	− 0.043	− 0.061
	（0.049）	（0.031）	（0.098）	（0.036）	（0.039）	（0.045）
	[0.702]	[0.702]	[0.826]	[0.702]	[0.702]	[0.702]
男性司机			0.123	0.087	−0.079	
			（0.043）***	（0.015）***	（0.020）***	
司机年龄	− 0	0.003	−0.002	0.001	0.002	0.003
	（0.001）	（0.001）***	（0.002）	（0.001）	（0.001）***	（0.001）***
车龄	− 0.009	− 0.016	− 0.014	− 0.007	− 0.019	− 0.021
	（0.004）**	（0.002）***	（0.007）**	（0.003）***	（0.003）***	（0.004）***
注册地为城市	− 0.245	− 0.128	− 0.201	− 0.218	− 0.189	− 0.153
	（0.021）***	（0.013）***	（0.039）***	（0.015）***	（0.021）***	（0.023）***
Log 前 9 个月违规次数	0.751	0.781	0.677	0.752	0.743	0.744
	（0.015）***	（0.008）***	（0.025）***	（0.010）***	（0.012）***	（0.013）***
常数项	−2.282	−2.460	−1.872	−2.348	−2.423	−2.525
	（0.044）***	（0.026）***	（0.094）***	（0.032）***	（0.038）***	（0.040）***
样本量	102 124	293 080	17 191	195 563	182 450	148 375
R^2	0.037	0.040	0.061	0.041	0.027	0.027

*表示在 10%的水平下在统计意义上显著不为 0；**表示在 5%的水平下在统计意义上显著；***表示在 1%的水平下在统计意义上显著

注：本表报告了泊松分布的回归结果，控制组作为缺省组。对于泊松分布，变量 x_i 相应的发生率比值为 e_i^b。圆括号内为聚类到手机号码层面的标准差，方括号内是经 FDR 调整后的 q 值

被解释变量分别是干预后司机违规的可能性和数量，解释变量包括各干预措施的二值变量、个体控制变量和前 9 个月罚单数量的对数值。研究过程中，我们根据之前的调查结果确定了汽车品牌的档次。我们发现无论是广度边际还是强度边际，高档车组干预对男性车主具有显著的影响。干预后男性司机违规可能性降低了 0.8 个百分点，违规的数量降低了 7%（$1-e^{-0.073}$=7%）。干预对驾驶经济型车的司机有更大的效果(可能性降低 0.9 个百分点，数量减少 $1-e^{-0.096}$=9%)，并且对驾驶经济型车的男性司机的处理效应最大（可能性降低 1.4 个百分点，数量减少 $1-e^{-0.173}$=16%）。

我们进一步检验了驾驶经济型车的男性司机在不同车辆档次的干预组中受影响的差异。结果表明，该类司机在中档车组和经济型车组中的驾驶行为没有明显变化。最终我们得出，在驾驶经济型车的司机中间，男性对高档车信息的反应比女性更为强烈（$p<0.01$）。

结果 3（组间比较：性别和车辆地位）：相对于控制组来说，在收到了高档车司机违规信息之后，男性司机违规可能性降低了 0.8 个百分点，数量减少了 7%；驾驶经济型车的司机违规可能性降低了 0.9 个百分点，数量减少了 9%，其中驾驶经济型车的男性司机违规可能性降低了 1.4 个百分点，数量减少了 16%。

结果 3 反映了地位机制中的性别差异。Huberman 等（2004）在研究比赛行为的实验室实验中发现，男性会对地位信息有更强的反应，这一结果在本章也得到了验证。其中，干预对驾驶经济型车的司机影响约为其他类型的 2 倍，对驾驶经济型车的男性司机影响甚至高达 3 倍。

接下来我们将检验司机对同品牌信息在驾驶行为上的反应。根据社会比较理论及其在公共产品领域的应用，我们预期他们会对信息做出反应，若其违规次数高于平均值，则会减少违规次数，反之，可能会增加其违规次数。

假说 4（同品牌比较）：在同品牌干预组，高于（低于）平均违规水平的司机会减少（增加）其交通违规次数。

表 11.7 的列（1）、列（2）检验了对低于平均违规次数司机的处理效应，列（3）、列（4）和列（5）、列（6）分别检验了高于、等于和低于平均违规数量的处理效应。表 11.7 上下两个部分的被解释变量分别是广度边际和强度边际。在列（1）~列（4）中，我们所关心的核心解释变量的系数为负值，但均不显著。对广度边际回归时，列（5）、列（6）回归结果显著为负值；对强度边际回归时，列（5）核心解释变量的系数显著水平较低，列（6）加入其他控制变量后，系数显著水平提高。

表 11.7 异质性效果：违规量高于、等于和低于平均违规数量的车辆

司机之前的违规次数	低于均值		等于均值		高于均值	
广度边际	（1）	（2）	（3）	（4）	（5）	（6）
同品牌信息	0.002	0.002	0.010	0.008	− 0.007	− 0.008
		（0.004）	（0.014）	（0.014）	（0.003）**	（0.003）**
		[0.696]	[0.696]	[0.696]	[0.172]	[0.172]
男性司机		0.002		− 0.001		0.003
		（0.002）		（0.007）		（0.002）*
司机年龄		0		− 0		0
		（0）***		（0）		（0）***
车龄		− 0.001		0.001		− 0.003
		（0）***		（0.001）		（0）***

续表

司机之前的违规次数	低于均值		等于均值		高于均值	
广度边际	(1)	(2)	(3)	(4)	(5)	(6)
注册地为城市		−0.025		−0.027		−0.023
		(0.002)***		(0.006)***		(0.002)***
Log 前9个月的违规次数		0.101		0.110		0.106
		(0.009)***		(0.023)***		(0.001)***
常数项	0.091	0.084	0.080	0.086	0.142	0.046
		(0.004)***	(0.003)***	(0.012)***	(0.001)***	(0.003)***
样本量	97 883	97 883	9 855	9 855	227 309	227 309
R^2	0	0	0	0.006	0	0.046
强度边际	(1)	(2)	(3)	(4)	(5)	(6)
同品牌信息	0.063	0.059	0.111	0.086	−0.053	−0.062
		(0.055)	(0.172)	(0.172)	(0.032)*	(0.031)**
		[0.560]	[0.696]	[0.696]	[0.279]	[0.172]
男性司机		0.037		−0.080		0.018
		(0.026)		(0.092)		(0.015)
司机年龄		0.003		0.001		0.002
		(0.001)***		(0.004)		(0.001)***
车龄		−0.004		0.011		−0.014
		(0.004)		(0.015)		(0.002)***
注册地为城市		−0.294		−0.391		−0.161
		(0.025)***		(0.089)***		(0.014)***
Log 前9个月的违规次数		0.980		1.055		0.865
		(0.061)***		(0.166)***		(0.009)***
常数项	−2.207	−2.279	−2.333	−2.290	−1.622	−2.582
		(0.050)***	(0.039)***	(0.165)***	(0.007)***	(0.030)***
样本量	97 883	97 883	9 855	9 855	227 309	227 309

*表示在10%的水平下在统计意义上显著不为0；**表示在5%的水平下在统计意义上显著；***表示在1%的水平下在统计意义上显著

注：上半部分报告了OLS回归结果，下半部分报告了泊松分布的回归结果。对于泊松分布，变量 x_i 相应的发生率比值为 e_i^b。圆括号内为聚类到手机号码层面的标准差，方括号内是经FDR调整后的 q 值

结果4（同品牌比较：描述性规范）：在同品牌干预组，高于平均违规水平的司机违规可能性降低了约8%，违规数量（相对于控制组来说）也有显著减少。这一影响对等于和低于平均水平的司机不显著。

根据结果4，我们对高于平均违规水平的司机行为的假说通过了检验，然而对等于和低于平均水平的司机行为的假说没有得到验证，可能的原因包括样本不对

称、假说违背了社会运行的理想情况等。具体来说，更少的交通违规既符合社会目标也符合个人需求，总体来看，司机的行为符合社会有效运行的目标。对描述性社会规范反应的不对称性在之前的实地实验中也有所体现。有实验表明，当得知对公共物品贡献的平均情况时，贡献较少的人更有可能增加对公共物品的贡献（Chen et al.，2010）。另外，驾驶同品牌车辆司机间的认同性也可能是交通违规数量减少的原因（Mussweiler and Ockenfels，2013）。

总之，我们发现某些类型的社会信息会促使人们减少交通违规行为。当他们与驾驶同品牌汽车的司机进行比较时，这一结论是成立的。当他们与高档车司机比较时也同样成立，并且对驾驶经济型车的男性司机影响更大。

研究中，我们检验了对 5 组干预组的处理效应，并通过子样本来分析影响的异质性。即使我们的实验可能并没有效果，也可能因为我们进行了多次回归分析而得到了具有显著性的结果。因此，我们还需要进行多重假设检验（List et al.，2016）。为了校正多重假设检验，我们报告了修正后的 q 值。

修正后，我们发现对驾驶经济型车的男性司机的处理效应仍然存在。一些结果变得不再显著，但这也不能断言原有的结果是偶然出现的。例如，高档车信息的处理效应预期会大于中档车和经济型车（Tarde，1888），其系数相比其他两组更大，显著性水平更高。由于男性对地位的掌控相对于女性更为敏感（Huberman et al.，2004），我们预期高端车信息对男性的影响要大于对女性的影响。正如我们所设想的，男性司机受到了显著的影响。基于相同的逻辑也适合于对同品牌信息干预效果的解释。总体而言，预期的影响越大，回归结果在修正前更有可能显著，这在很大程度上降低了显著结果的偶然性。

尽管我们的样本很大，但是我们的被解释变量——一个月内的交通违规事件是罕见事件。在我们的样本中，零违规车辆占比 87.51%（表 11.3）。在给定其他条件不变的情况下，罕见事件得到统计显著是非常困难的。因此，本章中会有很多系数的回归结果为 0，这可能反映的不是实验没有产生影响而是由于数据的不足。例如，表 11.4 中的列（3）~列（6）中，经济型干预组的违规数量降低了 1.72%~2.56%。表 11.6 中对驾驶经济车型的影响为 4%左右，对男性司机的影响在 6%左右。这些结果虽然在统计上不显著，但是在经济学中都是有意义的。

我们的分析也能够说明哪类群体更有可能或更不可能违规［表 11.5 列（4）~列（7）］。在给定其他条件相同的情况下，年龄更大的司机更有可能违规；驾驶车辆车龄更长的司机违规可能性更小；驾驶车辆注册地为城市的司机违规可能性更小（城市对速度的限制可能更为严格）。

11.5 结　　论

通过本章的实验我们发现，社会信息能够减少交通违规行为。两种类型的社会信息能够有效减少交通违规行为，一类是与司机相似人群信息。在同品牌组中，若司机违规次数高于平均水平，其违规次数减少约 6%，驾驶习惯更好的司机没有受到影响。这一结果表明，将描述性规范和命令性规范相结合是一种减少交通违规的强力并且经济有效的方式。

第二类是有效的社会信息将地位和描述性规范相结合。我们发现，相对于控制组来说，高档车信息组的违规行为减少了 5%，其中，驾驶经济型车的司机违规行为减少了 9%，驾驶经济型车的男性司机违规行为减少了 16%。这种低成本的干预方式产生了令人意想不到的结果。描述性规范和社会地位的结合是研究社会影响力的新领域，并且为规范驾驶行为这一新兴领域提供了可行且有效的政策建议。

除了对交通管制的贡献，我们研究的地位这一影响机制也从实证角度支持了 Tarde（1888）提出的社会影响是自上而下的观点。本章的研究为 Tarde 的理论提供了约束条件，我们的结论表明，并不是所有的群体受到地位驱动型社会比较的影响都是相同的。我们应该通过更多的实验和理论工作来找出地位驱动型社会比较的约束条件。

参 考 文 献

陈玉梅，陈雪梅. 2012. 实验经济学的新突破：实地实验方法[J]. 经济学动态，（6）：117-122.
戴廉. 2011-08-05. 我国拟降低医院药品收入比重. http://finance.sina.com.cn/roll/20110805/151410269229.shtml.
李永忠. 2015-07-03. 试点关乎改革成败. 人民日报，第5版.
陆方文. 2014. 经济学中的审计实验法研究[J]. 教学与研究，（4）：70-77.
罗俊. 2014. 田野实验——现实世界中的经济学实验[J]. 南方经济，（6）：87-92.
罗俊，陈叶烽，何浩然. 2018. 捐赠信息公开对捐赠行为的“筛选”与“提拔”效应——来自慈善捐赠田野实验的证据[J]. 经济学（季刊）待发表.
罗俊，汪丁丁，叶航，等. 2015. 走向真实世界的实验经济学——田野实验研究综述[J]. 经济学（季刊），（3）：853-884.
张生玲，周晔馨. 2012. 资源环境问题的实验经济学研究评述[J]. 经济学动态，（9）：128-136.
周翔翼，宋雪涛. 2016. 招聘市场上的性别歧视：来自中国19130份简历的证据[J]. 中国工业经济，（8）：145-160.
王也. 2016-06-18. 社科研究中的“暴力破解大法”[EB/OL]. https://mp.weixin.qq.com/s/kZLfVYly7_QcZ5RVocG6UA.
英国那些事儿. 2016-05-22. 他是怎样一步一步操纵舆论，让全世界相信吃巧克力能减肥的[EB/OL]. https://mp.weixin.qq.com/s/6oVWGqM_y0VSjWzoab0hVA.
中国医药发展研究中心. 2010. 中国医药零售行业分析报告[R].
Akerlof G A. 1980. A theory of social custom，of which unemployment may be one consequence[J]. The Quarterly Journal of Economics，94（4）：749-775.
Akerlof G A，Kranton R E. 2000. Economics and identity[J]. The Quarterly Journal of Economics，115（3）：715-753.
Al-Ubaydli O，List J A. 2012. On the generalizability of experimental results in economics[R]. Cambridge：National Bureau of Economic Research.
Al-Ubaydli O，List J A. 2015. On the generalizability of experimental results in economics[C]// Fréchette G R，Schotter A. Handbook of Experimental Economic Methodology. New York：

Oxford University Press.

Allcott H. 2011. Social norms and energy conservation[J]. Journal of Public Economics，95（9~10）：1082-1095.

Allcott H，Rogers T. 2014. The short-run and long-run effects of behavioral interventions：experimental evidence from energy conservation[J]. American Economic Review，104（10）：3003-3037.

Ammermueller A，Pischke J S. 2009. Peer effects in European primary schools：evidence from the progress in international reading literacy study[J]. Journal of Labor Economics，27（3）：48-315.

Anderson C，Galinsky A D. 2006. Power，optimism，and risk-taking[J]. European Journal of Social Psychology，36（4）：511-536.

Anderson M，Dobkin C，Gross T. 2012. The effect of health insurance coverage on the use of medical services[J]. American Economic Journal：Economic Policy，4（1）：1-27.

Anderson M L，Lu F W. 2016. Learning to manage and managing to learn：the effects of student leadership service[J]. Management Science，63（10）：3246-3261.

Anderson M L. 2008. Multiple inference and gender differences in the effects of early intervention：a reevaluation of the abecedarian，perry preschool，and early training projects[J]. Journal of the American Statistical Association，103（484）：1481-1495.

Andreoni J. 2006. Leadership giving in charitable fund-raising[J]. Journal of Public Economic Theory，8（1）：1-22.

Angrist J D，Lang K. 2004. Does school integration generate peer effects? Evidence from Boston's Metco program[J]. American Economic Review，94（5）：34-1613.

Angrist J D，Bettinger E，Bloom E，et al. 2002. Vouchers for private schooling in Colombia：evidence from a randomized natural experiment[J]. American Economic Review，92（5）：1535-1558.

Arcidiacono P，Nicholson S. 2005. Peer effects in medical school[J]. Journal of Public Economics，89（2~3）：50-327.

Arnott R，Rowse J. 1987. Peer group effects and educational attainment[J]. Journal of Public Economics，32（3）：287-305.

Arrow K J. 1963. Uncertainty and the welfare economics of medical care[J]. American Economic Review，53（5）：941-973.

Asch S E. 1956. Studies of independence and conformity：a minority of one against a unanimous majority[J]. Psychological Monographs，70（416）：1-70.

Atkin D，Khandelwal A K，Osman A. 2017a. Exporting and firm performance：evidence from a randomized experiment[J]. The Quarterly Journal of Economics，132（2）：551-615.

Atkin D，Chaudhry A，Chaudry S，et al. 2017b. Organizational barriers to technology adoption：evidence from soccer-ball producers in Pakistan[J]. The Quarterly Journal of Economics，

132（3）：1101-1164.

Ayres I，Siegelman P. 1995. Race. Gender discrimination in bargaining for a new car[J]. American Economic Review，85（3）：304-321.

Babcock L，Loewenstein G. 1997. Explaining bargaining impasse：the role of self-serving biases[J]. Journal of Economic Perspectives，11（1）：109-126.

Baird S，McIntosh C，Özler B. 2011. Cash or condition? Evidence from a randomized cash transfer program[J]. The Quarterly Journal of Economics，126（4）：1709-1753.

Baird S，Hicks J，Kremer M，et al. 2016. Worms at work：long-run impacts of a child health investment[J]. The Quarterly Journal of Economics，131（4）：1637-1680.

Ball S，Eckel C，Grossman P J，et al. 2001. Status in markets[J]. The Quarterly Journal of Economics，116（1）：161-188.

Bar-Ilan A，Sacerdote B. 2004. The response of criminals and noncriminals to fines[J]. Journal of Law and Economics，47（1）：1-17.

Beaman L，Chattopadhyay R，Duflo E，et al. 2009. Powerful women：does exposure reduce bias? [J]. The Quarterly Journal of Economics，124（4）：1497-1540.

Beaman L，Duflo E，Pande R，et al. 2012. Female leadership raises aspirations and educational attainment for girls：a policy experiment in India[J]. Science，335（6068）：582-586.

Becker G S. 1968. Crime and punishment：an economic approach[J]. Journal of Political Economy，76：169-217.

Behrman J，Parker S，Todd P，et al. 2015. Aligning learning incentives of students and teachers：results from a social experiment in Mexican high schools[J]. Journal of Political Economy，123（2）：325-364.

Behrman J，Parker S，Todd P. 2011. Do conditional cash transfers for schooling generate lasting benefits? A five-year followup of progresa/oportunidades[J]. Journal of Human Resources，46（1）：203-236.

Benjamini Y，Hochberg Y. 1995. Controlling the false discovery rate：a practical and powerful approach to multiple testing[J]. Journal of the Royal Statistical Society：Series B，57（1）：289-300.

Benjamini Y，Krieger A M，Yekutieli D. 2006. Adaptive linear step-up procedures that control the false discovery rate[J]. Biometrika，93（3）：491-507.

Bernheim D. 1994. A theory of conformity[J]. Journal of Political Economy，102（5）：841-877.

Bertrand M，Schoar A. 2003. Managing with style：the effect of managers on firm policies[J]. The Quarterly Journal of Economics，118（4）：1169-1208.

Bertrand M，Mullainathan S. 2004. Are Emily and Greg more employable than Lakisha and Jamal? A field experiment on labor market discrimination[J]. American Economic Review，94（4）：

991-1013.

Bertrand M，Djankov S，Hanna R，et al. 2007. Obtaining a driver’s license in India：an experimental approach to studying corruption[J]. The Quarterly Journal of Economics，122（4）：1639-1676.

Beshears J，Choi J J，Laibson D，et al. 2015. The effect of providing peer information on retirement savings decisions[J]. Journal of Finance，70（3）：1161-1201.

Billett M T, Qian Y M. 2008. Are overconfident CEOs born or made? Evidence of self-attribution bias from frequent acquirers[J]. Management Science，54（6）：1037-1051.

Bloom N，Liang J，Robert J，et al. 2015. Does working from home work? Evidence from a Chinese experiment[J]. The Quarterly Journal of Economics，130（1）：165-218.

Bohnet I，Zeckhauser R J. 2004. Social comparison in ultimatum bargaining[J]. Scandinavian Journal of Economics，106（3）：495-510.

Branigan T. 2012-12-04. China and cars：a love story[EB/OL]. https://www.theguardian.com/world/2012/dec/14/china-worlds-biggest-new-car-market.

Brown J，Morgan J. 2009. How much is a dollar worth? Tipping versus equilibrium coexistence on competing online auction sites[J]. Journal of Political Economy，117（4）：668-700.

Buunk B，Mussweiler T. 2001. New directions in social comparison research[J]. European Journal of Social Psychology，31（5）：467-475.

Cabral L，Li L F. 2015. A dollar for your thoughts：feedback-conditional rebates on eBay[J]. Management Science，61（9）：2052-2063.

Cai H B，Chen Y Y，Fang H M. 2009. Observational learning：evidence from a natural randomized field experiment[J]. American Economic Review，99（3）：864-882.

Cai H B，Chen Y Y，Fang H M，et al. 2015. The effect of micro-insurance on economic activities：evidence from a randomized field experiment[J]. The Review of Economics and Statistics，97（2）：287-300.

Camerer C，Lovallo D. 1999. Overconfidence and excess entry：an experimental approach[J]. American Economic Review，89（1）：306-318.

Cameron A C，Gelbach J B，Miller D L. 2008. Bootstrap-based improvements for inference with clustered errors[J]. Review of Economics and Statistics，90（3）：27-414.

Card D, Dobkin C, Maestas N. 2008. The impact of nearly universal insurance coverage on health care utilization：evidence from medicare[J]. American Economic Review，98（5）：2242-2258.

Carrell S E，Sacerdote B I，West J E. 2013. From natural variation to optimal policy? The Lucas critique meets peer effects[J]. Econometrica，81（3）：82-855.

Carrera M. 2011. The role of copays on prescribing and refill decisions[Z]. Unpublished manuscript.

Cason T，Mui V L. 1998. Social influence in the sequential dictator game[J]. Journal of Mathematical Psychology，42：248-265.

Chamon M，Mauro P，Okawa Y. 2008. Mass car ownership in the emerging market giants[J]. Economic Policy，23（54）：243-296.

Chang S，Dee T S，Tse C W，et al. 2016. Be a good samaritan to a good samaritan：field evidence of interdependent other-regarding preferences in china[J]. China Economic Review，41：23-33.

Chattopadhyay R，Duflo E. 2004. Women as policy makers：evidence from a randomized policy experiment in India[J]. Econometrica，72（5）：1409-1443.

Chen Y，Lu F，Zhang J. 2017. Social comparisons，status and driving behavior[J]. Journal of Public Economics，155：11-20.

Chen Y，Harper F M，Konstan J，et al. 2010. Social comparisons and contributions to online communities：a field experiment on Movie Lens[J]. American Economic Review，100（4）：1358-1398.

Cialdini R B. 2003. Crafting normative messages to protect the environment[J]. Current Directions in Psychological Science，12（4）：105-109.

Corman H，Mocan N H. 2000. A time-series analysis of crime，deterrence，and drug abuse in New York City[J]. American Economic Review，90：584-604.

Crépon B，Duflo E，Gurgand M，et al. 2013. Do labor market policies have displacement effects? Evidence from a clustered randomized experiment[J]. Quarterly Journal of Economics，128（2）：531-580.

Currie J，Lin W C，Zhang W. 2011. Patient knowledge and antibiotic abuse：evidence from an audit study in China [J]. Journal of Health Economics，30（5）：933-949.

Currie J，Lin W C，Meng J J. 2013. Social networks and externalities from gift exchange：evidence from a field experiment [J]. Journal of Public Economics，107：19-30.

Currie J，Lin W，Meng J. 2014. Addressing antibiotic abuse in China：an experimental audit study[J]. Journal of Development Economics，110：39-51.

Dahl G B，Ransom M R. 1999. Does where you stand depend on where you sit? Tithing donations and self-serving beliefs[J]. American Economic Review，89（4）：703-727.

Dalen D，Sorisio E，Strom S. 2010. Choosing among competing blockbusters：does the identity of the third-party payer matter for prescribing doctors? [R]. CESifo Working Paper Series No. 3227.

Daniel W. 1968. Racial discrimination in England [M]. Middlesex：Penguin Books.

Das J，Hammer J. 2007. Money for nothing：the dire straits of medical practice in Delhi，India[J]. Journal of Development Economics，83（1）：1-36.

Deangelo G，Hansen B. 2014. Life and death in the fast lane：police enforcement and traffic fatalities[J]. American Economic Journal：Economic Policy，6（2）：231-257.

Dellavigna S. 2009. Psychology and economics：evidence from the field[J]. Journal of Economic Literature，47（2）：315-372.

Draca M，Machin S，Witt R. 2011. Panic on the streets of London：police，crime，and the July 2005 terror attacks[J]. American Economic Review，101（5）：2157-2181.

Drago F，Galbiati R，Vertova P. 2009. The deterrent effects of prison：evidence from a natural experiment[J]. Journal of Political Economy，117（2），257-280.

Duesenberry J S. 1949. Income，saving and the theory of consumer behavior[M]. Cambridge：Harvard University Press.

Duffy J，Feltovich N. 1999. Does observation of others affect learning in strategic environments? An experimental study[J]. International Journal of Game Theory，28（1）：131-152.

Duffy J，Kornienko T. 2010. Does competition affect giving? [J]. Journal of Economic Behavior and Organization，74（1~2）：82-103.

Duflo E，Saez E. 2003. The role of information and social interactions in retirement plan decisions：evidence from a randomized experiment[J]. Quarterly Journal of Economics，118（3）：815-842.

Duflo E，Glennerster R，Kremer M. 2008. Using randomization in development economics research：a tool kit[J]. The Handbook of Development Economics，4：3895-3962.

Duflo E，Hanna R，Ryan S P. 2012. Incentives work：getting teachers to come to school[J]. American Economic Review，102（4）：1241-1278.

Duflo E，Greenstone M，Pande R，et al. 2013. Truth-telling by third-party auditors and the response of polluting firms：experimental evidence from India[J]. The Quarterly Journal of Economics，128（4）：1449-1498.

Duval T S，Silvia P J. 2002. Self-awareness，probability of improvement，and the self-serving bias[J]. Journal of Personality and Social Psychology，82（1）：49-61.

Eckel C C，Wilson R K. 2007. Social learning in coordination games：does status matter? [J]. Experimental Economics，10（3）：317-329.

Epple D，Romano R. 2011. Peer effects in education：a survey of the theory and evidence[J]. Handbook of Social Economics，（1）：1053-1163.

Epple D，Romano R，Sieg H. 2002. On the demographic composition of colleges and universities in market equilibrium[J]. The American Economic Review，92（2）：310-314.

Epple D，Romano R，Sieg H. 2003. Peer effects，financial aid and selection of students into colleges and universities：an empirical analysis[J]. Journal of Applied Econometrics，18（5）：501-525.

Feldstein M. 1970. The rising price of physician's services[J]. The Review of Economics and Statistics，52（2）：121-133.

Fellner G，Sausgruber R，Traxler C. 2013. Testing enforcement strategies in the field：threat，moral appeal and social information[J]. Journal of the European Economic Association，11（3）：634-660.

Ferraro P J，Price M K. 2013. Using nonpecuniary strategies to influence behavior：evidence from a large-scale field experiment[J]. The Review of Economics and Statistics，95（1）：64-73.

Festinger L. 1954. A theory of social comparison[J]. Human Relations，7：117-140.

Figlio D N. 2007. Boys named Sue：disruptive children and their peers[J]. Education Finance and Policy，2（4）：94-376.

Finkelstein A. 2007. The aggregate effects of health insurance：evidence from the introduction of Medicare[J]. The Quarterly Journal of Economics，122（3）：1-37.

Frank R H. 1985. The demand for unobservable and other nonpositional goods[J]. American Economic Review，75（1）：101-116.

Frey B S，Meier S. 2004. Social comparisons and pro-social behavior：testing “conditional cooperation” in a field experiment[J]. American Economic Review，94（5）：1717-1722.

Galinsky A D，Gruenfeld D H，Magee J C. 2003. From power to action[J]. Journal of Personality and Social Psychology，85（3）：453-466.

Galinsky A D，Magee J C，Inesi M E，et al. 2006. Power and perspectives not taken[J]. Psychological Science，17（12）：1068-1074.

Gee L. 2014. The more you know：information effects in job application rates by gender in a large field experiment[R]. Tufts University Manuscript.

Gerber A S，Rogers T. 2009. Descriptive social norms and motivation to vote：everybody’s voting and so should you[J]. Journal of Politics，71：178-191.

Gertler P. 2004. Do conditional cash transfers improve child health? Evidence from progress control randomized experiment[J]. American Economic Review，94（2）：336-341.

Gertler P，Martinez S W，Rubio-Codina M. 2012. Investing cash transfers to raise long-term living standards[J]. American Economic Journal：Applied Economics，4（1）：164-92.

Gong B L，Yang C L. 2012. Gender differences in risk attitudes：field experiments on the matrilineal Mosuo and the patriarchal Yi[J]. Journal of Economic Behavior and Organization，83：59-65.

Gould E D，Lavy V，Paserman M D. 2009. Does immigration affect the long-term educational outcomes of natives? Quasi-experimental evidence[J]. Economic Journal，119（540）：69-1243.

Grasdal A. 2001. The performance of sample selection estimators to control for attrition bias[J]. Health Economics ，10：385-398.

Gruber J，Owings M. 1996. Physician financial incentives and cesarean section delivery[J]. RAND Journal of Economics，27（1）：99-123.

Guala F. 2005. The Methodology of Experimental Economics[M]. New York：Cambridge University Press.

Guéguen N. 2015. High heels increase women’s attractiveness[J]. Archives of Sexual Behavior，44（8）：2227-2235.

Guo S，Liang P，Xiao E. 2018. In-group Bias in Prison[R]. Working papers.

Guryan J，Kroft K，Notowidigdo M J. 2009. Peer effects in the workplace：evidence from random groupings in professional golf tournaments[J]. American Economic Journal：Applied Economics，1（4）：34-68.

Güth W，Levati M V，Sutter M，et al. 2007. Leading by example with and without exclusion power in voluntary contribution experiments[J]. Journal of Public Economics，91（5~6）：1023-1042.

Habyarimana J，Jack W. 2011. Heckle and chide：results of a randomized road safety intervention in Kenya[J]. Journal of Public Economics，95（11~12）：1438-1446.

Hakken J. 1979. Discrimination against Chicanos in the Dallas rental housing market：an experimental extension of the housing market practices survey [M]. Washington：U.S. Department of Housing and Urban Development.

Hansen B. 2014. Punishment and deterrence：evidence from drunk driving[J]. American Economic Review，105（4）：1581-1617.

Hanushek E A，Kain J F，Markman J M，et al. 2003. Does peer ability affect student achievement?[J]. Journal of Applied Econometrics，18（5）：44-527.

Hao L，Houser D，Mao L，et al. 2016. Migrations，risks and uncertainty：a field experiment in China[J]. Journal of Economic Behavior and Organization，131：126-140.

Harrison G W，List JA. 2004. Field experiments[J]. Journal of Economic Literature，42（4）：1009-1055.

Haselhuhn Mi，Pope D，Schweitzer M，et al. 2012. The impact of personal experience on behavior：evidence from video-rental fines[J]. Management Science，58：52-61.

Hausman J A，Wise D A. 1979. Attrition bias in experimental and panel data：the gary income maintenance experiment[J]. Econometrica，47（2）：455-473.

Heckman J.1979. Sample selection bias as a specification error[J]. Econometrica，47（1）：153-161.

Heckman J.1998. Detecting discrimination [J]. Journal of Economic Perspectives，12（2）：101-116.

Heckman J，Siegelman P. 1992. The urban institute audit studies：their methods and findings[C]//Fix M，Struyk R J. Clear and convincing evidence：Measurement of discrimination in America. Lanham，MD：Urban Institute Press.

Henrich J，Gil-White F J. 2001. The evolution of prestige：freely conferred deference as a mechanism for enhancing the benefits of cultural transmission[J]. Evolution and Human Behavior，22（3）：165-196.

Henry S. 2012. Agency problems and reputation in expert services：evidence from auto repair [J]. Journal of Industrial Economics，60（3）：406-433.

Hermalin B E. 1998. Toward an economic theory of leadership：leading by example[J]. American Economic Review，88（5）：1188-1206.

Ho T H，Su X M. 2009. Peer-induced fairness in games[J]. American Economic Review，99（5）：

2022-2049.

Hopkins E，Kornienko T. 2004. Running to keep in the same place：consumer choice as a game of status[J]. American Economic Review，94（4）：1085-1107.

Hoxby C M. 2002. How does the makeup of a classroom influence achievement?[J]. Education Next，2（2）：56-63.

Hoxby C M，Weingarth G. 2006. Taking race out of the equation：school reassignment and the structure of peer effects[Z]. Unpublished manuscript，Department of Economics，Harvard University.

Huberman B A，Loch C H，Önçüler A. 2004. Status as a valued resource[J]. Social Psychology Quarterly，67（1）：103-114.

Iizuka T. 2007. Experts'agency problems：evidence from the prescription drug market in Japan[J]. The Rand Journal of Economics，38（3）：844-862.

Iizuka T. 2012. Physician agency and adoption of generic pharmaceuticals[J]. American Economic Review，102（6）：2826-2858.

Jamison J，Karlan D，Schechter L. 2008. To deceive or not to deceive：the effect of deception on behavior in future laboratory experiments[J]. Journal of Economic Behavior and Organization，68（3~4）：477-488.

Jones B F，Olken B A. 2005. Do leaders matter? National leadership and growth since World War II[J]. The Quarterly Journal of Economics，120（3）：835-864.

Jones S R G. 1984. The Economics of Conformism[M]. Oxford：Basil Blackwell.

Jowell R，Prescott-Clarke P. 1970. Racial discrimination and white-collar workers in Britain [J]. Race，11：397-417.

Just D，Price J. 2013. Using incentives to encourage healthy eating in children[J]. Journal of Human Resources，48（4）：855-872.

Kessel R. 1958. Price discrimination in medicine[J]. Journal of Law and Economics，1（1）：20-53.

Kessler J B. 2013. Announcements of support and public good provision[R]. University of Pennsylvania Working Paper.

Knez M J，Camerer C F. 1995. Outside options and social comparison in three-player ultimatum game experiments[J]. Games and Economic Behavior：10（1）：65-94.

Kosfeld M，Neckermann S，Yang X，et al. 2017. The effects of financial and recognition incentives across work contexts：the role of meaning[J]. Economic Inquiry，55（1）：237-247.

Kravitz R，Epstein R，Feldman M，et al. 2005. Influence of patients' requests for direct-to-consumer advertised antidepressants：a randomized controlled trial[J]. The Journal of American Medical Association，293（16）：1995-2002.

Kremer M，Miguel E，Thornton R. 2009. Incentives to learn[J]. The Review of Economics and

Statistics，91（3）：437-456.

Kroft K, Lange F, Notowidigdo M. 2013. Duration dependence and labor market conditions: evidence from a field experiment [J]. The Quarterly Journal of Economics，128（3）：1123-1167.

Krupka E，Weber R A. 2009. The focusing and informational effects of norms on pro-social behavior[J]. Journal of Economic Psychology，30（3）：307-320.

Kuhn P，Weinberger C. 2005. Leadership skills and wages[J]. Journal of Labor Economics，23（3）：395-436.

Kumru C S，Vesterlund L. 2010. The effect of status on charitable giving[J]. Journal of Public Economic Theory，12（4）：709-735.

Lavy V，Schlosser A. 2011. Mechanisms and impacts of gender peer effects at school[J]. American Economic Journal：Applied Economics，3（2）：1-33.

Lazear E P. 2001. Educational production[J]. Quarterly Journal of Economics，116（3）：777-803.

Lee D S. 2002. Trimming for bounds on treatment effects with missing outcomes[R]. Working paper.

Lee D S. 2008. Randomized experiments from non-random selection in U.S. House elections[J]. Journal of Econometrics，142（2）：675-697.

Levitt S D. 1997. Using electoral cycles in police hiring to estimate the effect of police on crime[J]. American Economic Review，87：270-290.

Levitt S D. 1998. Why do increased arrest rates appear to reduce crime：deterrence，incapacitation，or measurement error? [J]. Economic Inquiry，36：353-372.

Levitt S D, List J A. 2007. Viewpoint: on the generalizability of lab behaviour to the field[J]. Canadian Journal of Economics，40（2）：347-370.

Levitt S D，List J A. 2009. Field experiments in economics：the past，the present，and the future[J]. European Economic Review，53（1）：1-18.

Li L F，Xiao E. 2014. Money talks? An experimental study of rebate in reputation system design[J]. Management Science，60（8）：2054-2072.

List J. 2004. The nature and extent of discrimination in the marketplace：evidence from the field[J]. Quarterly Journal of Economics，119（1）：49-89.

List J. 2011. Why economists should conduct field experiments and 14 tips for pulling one off[J]. Journal of Economic Perspectives，25（3）：3-16.

List J，Rasul I. 2010. Field experiments in labor economics[J]. Handbook of Labor Economics，（4）：103-228.

List J，Shaikh A，Xu Y. 2016. Multiple hypothesis testing in experimental economics[R]. NBER Working Paper No. 21875.

Liu T X，Yang J，Adamic L A，et al. 2014. Crowdsourcing with all-pay auctions：a field experiment on taskcn[J]. Management Science，60（8）：2020-2037.

Liu X Z, Liu Y L, Chen N S. 2000. The Chinese experience of hospital price regulation[J]. Health Policy and Planning, 15（2）: 157-163.

Lochner L. 2007. Individual perceptions of the criminal justice system[J]. The American Economic Review, 97: 444-460.

Loewenstein G, Price J, Volpp K. 2016. Habit formation in children: evidence from incentives for healthy eating[J]. Journal of Health Economics, 45: 47-54.

Lu F W. 2014. Insurance coverage and agency problems in doctor prescriptions: evidence from a field experiment in China [J]. Journal of Development Economics, 106（1）: 156-167.

Lu F W, Anderson M L. 2015. Peer effects in microenvironments: the benefits of homogeneous classroom groups[J]. Journal of Labor Economics, 33（1）: 91-122.

Lu F W, Zhang J N, Perloff J. 2016. General and specific information in deterring traffic violations: evidence from a randomized experiment[J]. Journal of Economic Behavior and Organization, 123（2）: 97-107.

Lundin D. 2000. Moral hazard in physician prescription behavior[J]. Journal of Health Economics, 19（3）: 639-662.

Lyle D. 2007. Estimating and interpreting peer and role model effects from randomly assigned social groups at West Point[J]. Review of Economics and Statistics, 89（2）: 289-299.

Machin S, Marie O. 2011. Crime and police resources: the street crime initiative[J]. Journal of the European Economic Association, 9（4）: 678-701.

Mael F, Alonso A, Gibson D, et al. 2005. Single-sex Versus Coeducational Schooling: A Systematic Review[M]. Jessup: US Department of Education.

Malmendier U, Tate G. 2005. CEO overconfidence and corporate investment[J]. Journal of Finance, 60（6）: 2661-2700.

Maniadis Z, Tufano F, List J A. 2014. One swallow doesn't make a summer: new evidence on anchoring effects[J]. American Economic Review, 104（1）: 277-290.

Manski C F. 1989. Schooling as experimentation: a reappraisal of the postsecondary dropout phenomenon[J]. Economics of Education Review, 8（4）: 305-312.

Manski C F. 1993. Identification of endogenous social effects: the reflection problem[J]. Review of Economic Studies, 60（3）: 531-542.

Marvell T B, Moody C. 1996. Specification problems, police levels, and crime rates[J]. Criminology, 34（4）: 609-646.

McGuire T. 2005. Physician agency[J]. Handbook of Health Economics, 1: 461-536.

McGuire T, Pauly M. 1991. Physician response to fee changes with multiple payers[J]. Journal of Health Economics, 10（4）: 385-410.

McKinlay J, Potter D, Feldman H. 1996. Non-medical influences on medical decision-making[J].

Social Science and Medicine，42（5）：769-776.

Miguel E，Kremer M. 2004. Worms：identifying impacts on education and health in the presence of treatment externalities[J]. Econometrica，72（1）：159-217.

Miller G，Luo R，Zhang L，et al. 2012. Effectiveness of provider incentives for anaemia reduction in rural China：a cluster randomised trial[J]. British Medical Journal，345（7870）：18.

Mo D，Swinnen J，Zhang L，et al. 2013. Can one-to-one computing narrow the digital divide and the educational gap in china? The case of beijing migrant schools[J]. World Development，46：14-29.

Morse S. 1998. Separated by sex：a critical look at single-sex education for girls[M]. Washington：American Association of University Women.

Mort E A，Edwards J N，Emmons D W，et al. 1996. Physician response to patient insurance status in ambulatory care clinical decision-making：implications for quality of care[J]. Medical Care，34（8）：783-797.

Mullainathan S，Noeth M，Schoar A. 2012. The market for financial advice：an audit study[R]. NBER Working Paper No. 17929.

Mussweiler T，Ockenfels A. 2013. Similarity increases altruistic punishment in humans[J]. Proceedings of the National Academy of Sciences of the United States of America，110（48）：19318-19323.

Olken B A. 2007. Monitoring corruption：evidence from a field experiment in Indonesia[J]. Journal of Political Economy，115（2）：200-249.

Pager D，2007. The use of field experiments for studies of employment discrimination：contributions，critiques，and directions for the future[J]. The Annals of the American Academy of Political and Social Science，609（1）：104-133.

Pallais A，Sands E. 2016. Why the referential treatment? Evidence from field experiments on referrals[J]. Journal of Political Economy，124（6）：1793-1828.

Pan D，Zhang N. 2018. The role of agricultural training on fertilizer use knowledge：a randomized controlled experiment[J]. Ecological Economics，148：77-91.

Pollak R A. 1976. Interdependent preferences[J]. American Economic Review，66（3）：309-320.

Pomeranz D. 2015. No taxation without information：deterrence and self-enforcement in the value added tax[J]. American Economic Review，105（8）：2539-2569.

Retting R A，Williams A F，Farmer C M，et al. 1999a. Evaluation of red light camera enforcement in Fairfax，Virginia[J]. ITE Journal，69：30-34.

Retting R A，Williams A F，Farmer C M，et al. 1999b. Evaluation of red light camera enforcement in Oxnard，California[J]. Accident Analysis and Prevention，31：169-174.

Riach P，Rich J. 2006. An experimental investigation of sexual discrimination in hiring in the English labor market[J]. The B. E. Journal of Economic Analysis and Policy，5（2）：1-22.

Robson A J. 1992. Status，the distribution of wealth，private and social attitudes to risk[J]. Econometrica，60（4）：837-857.

Rosenbaum P R. 2007. Interference between units in randomized experiments[J]. Journal of the American Statistical Association，102（477）：191-200.

Sacerdote B. 2001. Peer effects with random assignment：results for Dartmouth roommates[J]. The Quarterly Journal of Economics，116（2）：681-704.

Sah R K. 1991. Social osmosis and patterns of crime[J]. Journal of Political Economy，9：1272-1295.

Saretsky G. 1972. The OEO P.C. experiment and the John Henry effect[J]. The Phi Delta Kappan，53（9）：579-581.

Schneider H. 2012. Agency problems and reputation in expert services：evidence from auto repair[J]. Journal of Industrial Economics，60（3）：406-433.

Shang J，Croson R. 2009. A field experiment in charitable contribution：the impact of social information on the voluntary provision of public goods[J]. The Economic Journal，119（540）：1422-1439.

Stigler G J. 1970. The optimum enforcement of laws[J]. Journal of Political Economy，78：526-536.

Suls J，Martin R，Wheeler L. 2002. Social comparison：why，with whom，and with what effect? [J]. Current Directions in Psychological Science，11：159-163.

Tang S，Sun J，Qu G，et al. 2007. Pharmaceutical policy in China：issues and problems [R]. WHO China Pharmaceutical Policy.

Tarde G. 1888. Extra-logical laws of imitation[C]//Clark T N. Gabriel Tarde On Communication and Social Influence：Selected Papers. Chicago and London：The University of Chicago Press.

Tella R D，Schargrodsky E. 2004. Do police reduce crime? Estimates using the allocation of police forces after a terrorist attack[J]. American Economic Review，94（1）：115-133.

United Nations General Assembly. 2013. Improving global road safety[R]. Sixty-eighth session of the United Nations General Assembly.

van den Steen E. 2004. Rational overoptimism（and other biases）[J]. American Economic Review，94（4）：1141-1151.

Vollan B，Landmann A，Zhou Y，et al. 2017. Cooperation and authoritarian values：an experimental study in China[J]. European Economic Review，93：90-105.

Wagstaff A，Lindelow M. 2008. Can insurance increase financial risk? The curious case of health insurance in China[J]. Journal of Health Economics，27（4）：990-1005.

Wagstaff A，Lindelow M，Jun G，et al. 2009. Extending health insurance to the rural population：an impact evaluation of China's new cooperative medical scheme[J]. Journal of Health Economics，28（1）：1-19.

Wang H L，Luo R F，Zhang L X，et al. 2013. The impact of vouchers on preschool attendance and elementary school readiness：a randomized controlled trial in rural China[J]. Economics of Education Review，35：53-65.

Wei S J，Zhang X. 2011. The competitive saving motive：evidence from rising sex ratios and savings rates in China[J]. Journal of Political Economy，119（3）：511-564.

Whitmore D. 2005. Resource and peer impacts on girls' academic achievement：evidence from a randomized experiment[J]. American Economic Review，95（2）：199-203.

Wienk R，Reid C，Simonson J，et al. 1979. Measuring discrimination in American housing markets：the housing market practices survey [M]. Washington：U.S. Department of Housing and Urban Development.

Wooldridge J M. 2004. Cluster-sample methods in applied econometrics[J]. American Economic Review，93（2）：133-138.

World Health Organization. 2013. Global status report on road safety 2013：supporting a decade of action[R]. Switzerland：WHO Press.

Yi H M，Zhang H Q，Ma X C，et al. 2015. Impact of free glasses and a teacher incentive on children's use of eyeglasses：a cluster-randomized controlled trial[J]. American Journal of Ophthalmology，160（5）：889-896.

Yinger J. 1986. Measuring racial discrimination with fair housing audits：caught in the act [J]. American Economic Review，76（5）：881-893.

Yip W，Hsiao W C. 2008. The Chinese health system at a crossroads[J]. Health Affairs，27（2）：460-468.

Zhou H，Sun S，Luo R，et al. 2016. Impact of text message reminders on caregivers' adherence to a home fortification program against child anemia in rural western China：a cluster-randomized controlled trial[J]. American Journal of Public Health，106（7）：1256-1262.

Zimmerman D J. 2003. Peer effects in academic outcomes：evidence from a natural experiment[J]. The Review of Economics and Statistics，85（1）：9-23.

Zwane A P，Zinman J，van Dusen E，et al. 2011. Being surveyed can change later behavior and related parameter estimates[J]. Proceedings of the National Academy of Sciences，108（5）：1821-1826.

Zweifel P，Manning W G. 2000. Moral hazard and consumer incentives in health care[J]. Handbook of Health Economics，1：409-459.

后记 1　关于随机实地实验的咨询

读完本书，如果您对随机实地实验非常感兴趣，对开展实验有了初步的构想，并希望获得进一步的意见和建议，请联系 lufangwen@163.com。愿意为此提供免费咨询。

后记 2　关于本书的引用

鉴于没有权威指标统计专著的引用量，如果您觉得本书对您很有帮助，建议引用相关的论文。

中文论文请引用：

陆方文. 2017. 随机实地实验：方法、趋势和展望. 经济评论,（4）：149-160.

陆方文. 2014. 经济学中的审计实验法研究. 教学与研究，（4）：70-77.

英文论文请引用：

Lu F W. 2014. Insurance coverage and agency problems in doctor prescriptions：evidence from a field experiment in China. Journal of Development Economics，106（1）：156-167.

Lu F W，Anderson M. 2015. Peer effects in microenvironments：the benefits of homogeneous classroom groups. Journal of Labor Economics，33（1）：91-122.

Lu F W，Zhang J N，Perloff J. 2016.General and specific information in deterring traffic violations：evidence from a randomized experiment. Journal of Economic Behavior and Organization，123（2）：97-107.

Michael A，Lu F W. 2017. Learning to manage and managing to learn：the effects of student leadership service. Management Science，63（10）：3246-3261.

Yan C，Lu F W，Zhang J N. 2017. How am I driving? Social comparisons，status and driving behavior. Journal of Public Economics，155：11-20.

致　谢

从2008年开展我人生第一个随机实地实验起，本书记载了十多年来我在随机实地实验过程中的经历、体验和总结。感谢我的父母一直以来给予的全方位的支持和鼓励，包括帮助联系实验合作单位，甚至作为实验助理开展实验！感谢美国加州伯克利大学的导师Jeffrey Perloff和Michael Anderson对我的实验研究活动提供的支持和指导！还感谢所有的合作者，两位导师、陈岩教授和张冀南同学在研究中展现的智慧和合作！

本书的写作，要非常感谢李辉文教授！他在2016邀请我去上海微观计量暑期学校讲授随机实地实验课程，敦促我开始整理实验的经历和方法。感谢他在本书的写作过程所提供的各种帮助！此外，要特别感谢周业安教授若干年来不断地叮嘱我“要写专著”，以及在我发表的两篇中文论文中给予的具体指导和帮助。

还要感谢实验经济学微信群的同仁提供的各种文献帮助信息，感谢香樟经济学群长期以来提供的敦促和鼓励！还要感谢刘秋雲、陆可凡、张海燕等同学对本书写作付出的辛勤劳动！

最后，感谢中国人民大学经年不变的教授评审规则，压力产生动力，激励我努力写作！感谢经济学院提供经费出版此书！

最后的最后，要感谢所有阅读此书的读者，你们的阅读是此书价值的体现！